建筑工程标准规范研究与应用系列丛书

混凝土强度检验评定标准分析与解读

田冠飞　张仁瑜　韩素芳　编

中国建筑工业出版社

图书在版编目（CIP）数据

混凝土强度检验评定标准分析与解读/田冠飞，张仁瑜，韩素芳编. —北京：中国建筑工业出版社，2017.10
（建筑工程标准规范研究与应用系列丛书）
ISBN 978-7-112-21118-0

Ⅰ.①混…　Ⅱ.①田…②张…③韩…　Ⅲ.①混凝土强度-检测-标准-中国　Ⅳ.①TU528.07-65

中国版本图书馆CIP数据核字（2017）第205503号

本书主要针对GB/T 50107—2010《混凝土强度检验评定标准》进行分析和解读。混凝土强度是评定和控制混凝土质量的重要指标，实践中发现因对标准理解的偏差，导致构件或结构工程评定不合格的概率很大，因此为了正确执行和使用标准，本书对标准编制的理论依据、分析计算等进行了阐述，同时本书还重点对新的混凝土强度抽样检验评定方法作出说明与解释。

责任编辑：赵梦梅　刘婷婷
责任设计：李志立
责任校对：王宇枢　李美娜

建筑工程标准规范研究与应用系列丛书
混凝土强度检验评定标准分析与解读
田冠飞　张仁瑜　韩素芳　编
*
中国建筑工业出版社出版、发行（北京海淀三里河路9号）
各地新华书店、建筑书店经销
北京科地亚盟排版公司制版
廊坊市海涛印刷有限公司印刷
*
开本：787×1092毫米　1/16　印张：13　字数：321千字
2018年4月第一版　2018年4月第一次印刷
定价：**45.00**元
ISBN 978-7-112-21118-0
（30764）

丛书组织委员会

本书编写人

田冠飞　张仁瑜　韩素芳　白生翔　鲍克蒙　陈尧亮

周岳年　史志华　王海龙　霍胜旭　张孟霞　王思娅

丛书序

中国建筑科学研究院是全国建筑行业最大的综合性研究和开发机构，成立于1953年，原隶属于建设部，2000年由科研事业单位转制为科技型企业，现隶属于国务院国有资产监督管理委员会。

中国建筑科学研究院建院以来，开展了大量的建筑行业基础性、公益性技术研发工作，负责编制与管理我国主要的建筑工程标准规范，并创建了我国第一代建筑工程标准体系。60多年来，中国建筑科学研究院标准化工作蓬勃发展、成绩斐然，累计完成工程建设领域国家标准、行业标准近900项，形成了大量的标准化成果与珍贵的历史资料。

为系统梳理标准规范历史资料，研究标准规范历史沿革，促进标准规范实施应用，中国建筑科学研究院于2014年起组织开展了标准规范历史资料收集整理及成果总结工作，并设立了系列研究项目。目前，这项工作已取得丰硕成果，《建筑工程标准规范研究与应用丛书》（以下简称《丛书》）即是成果之一。《丛书》旨在回顾总结有关标准规范的背景渊源和发展轨迹，传承历史、展望未来，为后续标准化工作提供参考与依据。

《丛书》按专业将建筑工程领域重点标准划分为若干系列，分别进行梳理、总结、提炼。《丛书》各分册根据相关标准规范的特点，采用不同的编排体例，或追溯标准演变过程与发展轨迹，或解读标准规定来源与技术内涵，或阐述标准实施应用，或总结工作心得体会。各分册都是标准规范成果的凝练与升华，既可作为标准规范研究史料，亦可作为标准规范实施应用依据。

《丛书》编撰过程中，借鉴和参考了国内外建筑工程领域、标准化领域众多专家学者的研究成果，并得到了部分专家学者的悉心指导与热心支持，在《丛书》付梓之时，向他们表示诚挚的感谢，并致以崇高的敬意。

中国建筑科学研究院

2017年2月

前　言

混凝土是现代建筑工程用量最大的建筑材料，由于自身具有很多特点，目前还没有可替代其功能和用途的结构工程材料。混凝土强度是混凝土最重要的力学性能，是评定和控制混凝土质量的重要指标，更是关系结构安全的基础要素。因而，作为验收依据的混凝土强度合格性评定尤为重要。

混凝土强度不足会引起严重的后果，需对构件或建筑物进行加固处理、废弃或拆除，造成巨大经济损失；但是，如果是因对标准理解的偏差，导致的构件或结构工程评定不合格，进而造成的损失让人叹息。然而，实际实践中发现后者出现的概率更大。因此，我们认为不仅要了解标准，而且有必要了解标准编制的理论依据、分析计算等，这样有利于正确执行和使用该标准。

在本次修订过程中，对修订内容尤其是新的混凝土强度抽样检验评定方法开展了专题研究，本研究报告将重点对修改后的抽检方法作出说明与解释。

第一章是概率论基础知识介绍。第二章主要介绍了抽样检验的一些概念、一般性原理和方法，重点是与混凝土强度检验评定的理论基础——以总体均值衡量产品质量情形的抽样检验方案原理（分为标准差已知情况和标准差未知情况），同时也介绍了混凝土强度标准差的特点。第三章主要对高强混凝土的强度值是否可以认为是服从正态分布进行了检验，结果表明，混凝土强度值（无论是高强还是低等强度混凝土的强度值），均可以认为是服从正态分布的。第四章讨论了影响混凝土强度数据误差的因素。第五章对本次修订方案的原则进行了说明、讨论和计算。由于标准差已知的统计方案基本没有变动，这里仅对一些问题作了说明和讨论。对于标准差未知方案，经理论推导和数值模拟验证，λ_1 服从非中心 t—分布。第六章是对新修订方案的解释与说明，包括验收界限的对比，在这一章重点是对统计方法二（标准差未知）和非统计方法的修订方案与原标准的方案做了 Monte-Carlo 模拟计算对比，从分析结果来看，新修订方案更合理。第七章给出了几个强度评定验收的示例。第八章根据不同地方、不同单位收集的不同强度等级数据，进行了新方案与老标准的验收对比。第九章简要总结了修订内容情况。

在附录 A 中给出了此次国标修订稿及条文说明。附录 B 给出了港工混凝土强度评定的简要分析。附录 C 是铁路混凝土的强度检验评定标准。附录 D 中对国外相关标准的合格性评定部分给出了部分原文和翻译，以供参考。附录 E 给出了全国几个典型地区调查数据和试验。附录 F 介绍混凝土配合比辅助设计工具软件的说明书。附录 G 介绍了我们自己开发的混凝土强度评定助手软件说明书。

感谢所有参编单位及标准主管部门的支持和帮助，感谢标准编制组专家成员、标准评审专家、中科院数学和系统科学研究院、北京师范大学有关专家的指导、支持和配合。

由于作者水平有限，书中错误在所难免，诚恳地希望读者批评指正。

Email 地址：tianguanfei@vip. 163. com。

目　录

第一章　概率论的基本知识 …… 1

1.1　事件与概率 …… 1

1.2　随机变量及其分布 …… 5

1.3　随机变量的数字特征 …… 12

1.4　正态总体的样本均值与样本方差的分布 …… 14

第二章　抽样检验的原理和方法 …… 16

2.1　定义和分类 …… 16

2.2　总体、个体、样本等相关概念 …… 17

2.3　检验批、批量、样本单位（样品）和样本的概念 …… 18

2.4　两种错误判断（风险） …… 18

2.5　可接收质量水平 AQL 和拒收（极限）质量水平 RQL（或 LQ） …… 19

2.6　以总体均值衡量产品质量情形的抽检方案原理 …… 19

2.7　混凝土强度的标准差 …… 22

2.8　几个问题的讨论与简要说明 …… 24

第三章　混凝土强度的正态分布检验 …… 26

3.1　引言 …… 26

3.2　正态性检验方法简要介绍 …… 26

3.3　混凝土强度的正态分布检验 …… 26

第四章　强度数据误差的影响因素讨论 …… 36

4.1　误差的定义与分类等 …… 36

4.2　不确定度、准确度和精（密）度辨析 …… 38

4.3　混凝土的立方体抗压强度 …… 41

4.4　强度数据误差影响因素讨论 …… 42

4.5　混凝土标准养护室现状 …… 44

第五章　修订方案的原则、讨论和计算 …… 55

5.1　原标准的介绍和说明 …… 55

5.2　“σ”已知统计评定法中的标准差计算方法 …… 56

5.3　“σ”已知统计评定法的方差齐性检验 …… 58

5.4　“σ”未知统计评定法（“S”法）的确定 …… 60

5.5　“S”统计法的 Monte—Carlo 模拟计算 …… 61

第六章　修订方案的解释与说明（与原标准的对比） …… 64

6.1　验收界限的对比 …… 64

6.2　抽样特性曲线（OC 曲线）对比 …… 65

第七章　强度验收评定示例 …… 80

7.1 标准差已知统计法评定示例 …… 80
7.2 标准差未知统计法评定示例 …… 81
7.3 非统计法评定示例 …… 84
第八章 实例验算与验证 …… 86
8.1 不同单位、不同等级的验算及验证 …… 86
8.2 同一单位不同等级的验收比较 …… 92
8.3 某地区质量监督站数据 …… 105
第九章 结论 …… 109
附录 A 《混凝土强度检验评定标准》GB/T 50107—2010 …… 110
附录 B 《港口工程质量检验评定标准》强度评定及简要分析 …… 124
附录 C 《铁路混凝土强度检验评定标准》 …… 126
附录 D 国外相关标准及译文 …… 130
D.1 ACI 318-05 原文及译文 …… 130
D.2 BS EN206-1：2000 及译文 …… 138
D.3 DIN1045-2 及译文 …… 153
附录 E 混凝土强度的统计调查及试验收 …… 157
E.1 混凝土强度的统计分析 …… 157
E.2 混凝土强度试验收结果 …… 160
E.3 部分国家的混凝土强度检验评定条件 …… 161
附录 F “混凝土配合比辅助设计工具”软件说明书 …… 162
F.1 软件特点 …… 162
F.2 软件安装 …… 162
F.3 软件加密锁的使用 …… 162
F.4 界面介绍 …… 162
F.5 快速入门 …… 167
F.6 应用举例 …… 168
附录 G “混凝土强度检验评定助手”软件说明书 …… 178
G.1 软件简介 …… 178
G.2 软件的安装、启动与卸载 …… 179
G.3 软件加密锁的使用 …… 182
G.4 运行界面 …… 182
G.5 快速入门 …… 190
G.6 应用实例 …… 191
参考文献 …… 197

第一章　概率论的基本知识

1.1　事件与概率

1.1.1　随机事件

必然现象与随机现象

在自然界与生产实践和科学试验中，人们会观察到各种各样的现象，把它们归纳起来，大体上分为两大类：一类是可预言其结果的，即在保持条件不变的情况下，重复进行试验，其结果总是确定的，必然发生（或必然不发生）。例如，在标准大气压下，水加热到100℃必然沸腾；步行条件下必然不可能到达月球等。这类现象称为必然现象（inevitabe phenomena）或确定性现象（definite phenomena）。另一类是事前不可预言其结果的，即在保持条件不变的情况下，重复进行试验，其结果未必相同。例如，掷一枚质地均匀对称的硬币，其结果可能是出现正面，也可能出现反面；孵化 6 枚种蛋，可能“孵化出 0 只雏”，也可能“孵化出 1 只雏”，…，也可能“孵化出 6 只雏”，事前不可能断言其孵化结果。这类在个别试验中其结果呈现偶然性、不确定性现象，称为随机现象（random phenomena）或不确定性现象（indefinite phenomena）。

人们通过长期的观察和实践并深入研究之后，发现随机现象或不确定性现象，有如下特点：在一定的条件实现时，有多种可能的结果发生，事前人们不能预言将出现哪种结果；对一次或少数几次观察或试验而言，其结果呈现偶然性、不确定性；但在相同条件下进行大量重复试验时，其试验结果却呈现出某种固有的特定的规律性——频率的稳定性，通常称之为随机现象的统计规律性。例如，对于一头临产的妊娠母牛产公犊还是产母犊是事前不能确定的，但随着妊娠母牛头数的增加，其产公犊、母犊的比例逐渐接近 1：1 的性别比例规律。概率论与数理统计就是研究和揭示随机现象统计规律的一门科学。

1.1.2　随机试验、样本空间与随机事件

1. 随机试验　通常我们把根据某一研究目的，在一定条件下对自然现象所进行的观察或试验统称为试验（tria）。而一个试验如果满足下述三个特性，则称其为一个随机试验（random tria），简称试验：

（1）试验可以在相同条件下多次重复进行；

（2）每次试验的可能结果不止一个，并且事先知道会有哪些可能的结果；

（3）每次试验总是恰好出现这些可能结果中的一个，但在一次试验之前却不能肯定这次试验会出现哪一个结果。

如在一定孵化条件下，孵化 6 枚种蛋，观察其出雏情况；又如观察两头临产妊娠母牛所产犊牛的性别情况，它们都具有随机试验的三个特征，因此都是随机试验。

2. 样本空间　对于随机试验，尽管在每次试验之前不能预知试验的结果，但试验的所有可能结果组成的集合是已知的，我们将随机试验 E 的所有可能结果组成的集合称为 E 的样本空间，记为 S，样本空间的元素，即 E 的每个结果，称为样本点。

3. 随机事件　随机试验的每一种可能结果，在一定条件下可能发生，也可能不发生，称为随机事件（random event），简称事件（event），通常用 A、B、C 等来表示。

（1）基本事件　我们把不能再分的事件称为基本事件（eementary event），也称为样本点（sampe point）。例如，在编号为 1、2、3、…、10 的十头猪中随机抽取 1 头，有 10 种不同的可能结果："取得一个编号是 1"、"取得一个编号是 2"、…、"取得一个编号是 10"，这 10 个事件都是不可能再分的事件，它们都是基本事件。由若干个基本事件组合而成的事件称为复合事件（compound event）。如"取得一个编号是 2 的倍数"是一个复合事件，它由"取得一个编号是 2"、"是 4"、"是 6"、"是 8"、"是 10" 5 个基本事件组合而成。

（2）必然事件　我们把在一定条件下必然会发生的事件称为必然事件（certain event），用 Ω 表示。例如，在严格按妊娠期母猪饲养管理的要求饲养的条件下，妊娠正常的母猪经 114 天左右产仔，就是一个必然事件。

（3）不可能事件　我们把在一定条件下不可能发生的事件称为不可能事件（impossibe event），用 ϕ 表示。例如，在满足一定孵化条件下，从石头孵化出雏鸡，就是一个不可能事件。

必然事件与不可能事件实际上是确定性现象，即它们不是随机事件，但是为了方便起见，我们把它们看作为两个特殊的随机事件。

1.1.3　事件间关系与事件的运算

事件的本质是集合，事件遵循着集合的运算关系。

包含关系：若 $A\subset B$，则事件 B 包事件 A，这指的是事件 A 发生必导致事件 B 发生。

若 $A\subset B$ 且 $B\subset A$，即 $A=B$，则称事件 A 与事件 B 相等。

事件 $A\cup B=\{x\mid x\in A$ 或 $x\in B\}$ 称为事件 A 与事件 B 的和事件，$\bigcup_{k=1}^{n}A_k$ 称为 n 个事件 A_1，A_2，$\cdots A_n$ 的和事件；称 $\bigcup_{k=1}^{\infty}A_k$ 为可列个事件 A_1，A_2，…的和事件。

事件 $A\cap B=\{x\mid x\in A$ 且 $x\in B\}$ 称为事件 A 与事件 B 的积事件，$\bigcap_{k=1}^{n}A_k$ 称为 n 个事件 A_1，A_2，$\cdots A_n$ 的积事件；称 $\bigcap_{k=1}^{\infty}A_k$ 为可列个事件 A_1，A_2，…的积事件。

事件 $A-B=\{x\mid x\in A$ 且 $x\notin B\}$，称为事件 A 与事件 B 的差事件。

若 $A\cap B=\Phi$，则称事件 A 与 B 是互不相容的（互斥的）。

若 $A\cup B=s$ 且 $A\cap B=\Phi$，则称事件 A 与事件 B 互为逆事件，又称事件 A 与事件 B 互为对立事件，A 的对立事件记为 $\overline{A}$，$\overline{A}=S-A$。

事件满足以下运算规律：

交换律：$A\cup B=B\cup A$；$AB=BA$

结合律：$(A\cup B)\cup C=A\cup(B\cup C)$；$(A\cap B)\cap C=A\cap(B\cap C)$

分配律：$(A\cup B)C=(AC)\cup(BC)$；$A\cup(BC)=(A\cup B)(A\cup C)$

德、摩根律：$\overline{A_1\cup A_2}=\overline{A_1}\cap\overline{A_2}$；$\overline{A_1\cap A_2}=\overline{A_1}\cup\overline{A_2}$

对减法运算满足 $A-B=A\overline{B}$（或 $A\cap\overline{B}$）；

1.1.4 频率与概率

频率 在相同条件下，进行了 n 次试验，在这 n 次试验中，事件 A 发生的次数 n_A 称为事件 A 发生的频数，比值 n_A/n 称为事件 A 的**频率**，记为 $f_n(A)$。

频率具有下述基本性质：

1. $0\leqslant f_n(A)\leqslant 1$；

2. $f_n(A)=1, f_n(\Phi)=0$；

3. 若 A_1，A_2，$\cdots A_k$ 是两两不相容的事件，则

$$f_n(A_1\cup A_2\cup\cdots\cup A)=f_n(A_1)+f_n(A_2)+\cdots f_n(A_k)$$

概率 设 E 是随机试验，Ω 是它的样本空间。如果对于 E 的每一个事件 A，均有一实数 $P(A)$ 与这对应，且集合函数 $P(\cdot)$ 满足下列条件：

1. 对于每一个事件 A，有 $P(A)\geqslant 0$；

2. $P(\Omega)=1$；

3. 若 A_1，A_2，$\cdots$是两两不相容的事件，即对于 $i\neq j$，$A_iA_j=\Phi$，i，$j=1$，2，$\cdots$，则有

$$P(A_1\cup A_2\cup\cdots\cup A)=P(A_1)+P(A_2)+\cdots$$

称为 $p(A)$ 为**事件 A 的概率**。

由概率的定义，可以得到一些重要的性质。

性质 1：$P(\Phi)=0$；

性质 2：若 A_1，A_2，$\cdots A_k$ 是两两不相容的事件，即对于 $i\neq j$，$A_iA_j=\Phi$，i，$j=1$，2，$\cdots$，则有 $P(A_1\cup A_2\cup\cdots\cup A_k)=P(A_1)+P(A_2)+\cdots+P(A_k)$称为概率的有限可加性。

性质 3：设 A，B 是两个事件，若 $A\subset B$，则有 $P(B-A)=P(B)-P(A)$　$P(B)\geqslant P(A)$。

性质 4：对于任一事件 A，$P(A)\leqslant 1$

性质 5：对于任一事件 A，有 $P(\bar{A})=1-P(A)$

性质 6：对于任意事件 A，B 有

$$P(A\cup B)=P(A)+P(B)-P(AB)$$

推广为任意三个事件 A，B，C 有

$$P(A\cup B\cup C)=P(A)+P(B)+P(C)-P(AB)-P(BC)-P(AC)+P(ABC)$$

1.1.5 概率的古典定义

上面介绍了概率的统计定义。但对于某些随机事件，用不着进行多次重复试验来确定其概率，而是根据随机事件本身的特性直接计算其概率。

有很多随机试验具有以下特征：

1. 试验的所有可能结果只有有限个，即样本空间中的基本事件只有有限个；

2. 各个试验的可能结果出现的可能性相等，即所有基本事件发生是等可能的；

3. 试验的所有可能结果两两互不相容。

具有上述特征随机试验，称为**古典概型**（cassica mode)，也称为等可能概型。

若事件 A 包含 k 个基本事件，即 $A=\{e_{i_1}\}\cup\{e_{i_2}\}\cup\cdots\cup\{e_{i_k}\}(1\leqslant i_1<i_2<\cdots<i_k\leqslant n)$，

则有

$$P(A)=\sum_{i=1}^{k}P(\{e_{i_j}\})=\frac{k}{n}=\frac{A\text{包含的基本事件数}}{S\text{中基本事件的总数}}$$

1.1.6　条件概率与乘法公式

条件概率

定义：设 A、B 为两个随机事件，且 $P(A)>0$，则称

$$P(B \mid A)=\frac{P(AB)}{P(A)}$$

为在事件 A 发生的条件下事件 B 发生的**条件概率**。

条件概率符合的三个条件：

1. 对于每一事件 B，有 $P(B|A)\geqslant 0$；
2. $P(\Omega|A)=0$；
3. 设 B_1，B_2，…是两两不相容的事件，则有

$$P(\bigcup_{i=1}^{\infty}B_i \mid A)=\sum_{i=1}^{\infty}P(B_i \mid A)$$

乘法定理

设 $P(A)>0$，则有 $P(AB)=P(B|A)P(A)$。

推广 A、B、C 为任意三个事件，且 $P(AB)>0$，则有

$$P(ABC)=P(C \mid AB)P(B \mid A)P(C)$$

全概率公式

定义：设 Ω 为试验 E 的样本空间，B_1，B_2，…B_n 为 E 的一组事件，若

(1) $B_iB_j=\Phi$，$i\neq j$，i，$j=1$，2，…，n

(2) $B_1\cup B_2\cup\cdots\cup B_n=\Omega$

则称 B_1，B_2，…B_n **为样本空间 Ω 的一个划分**。

定理：设试验 E 的样本空间为 Ω，A 为 E 的事件，B_1，B_2，…B_n 为 Ω 的一个划分，且 $P(B_i)>0(i=1,2,\cdots,n)$，则

$$P(A)=P(A \mid B_1)P(B_1)+P(A \mid B_2)P(B_2)+\cdots+P(A \mid B_n)P(B_n)$$

贝叶斯（Bayes）公式

设试验 E 的样本空间 Ω，B_1，B_2，…B_n 为 Ω 的一个划分，A 为 E 的任一事件，且 $P(A)>0$，$P(B_i)>0(i=1，2，\cdots，n)$，则

$$P(B_i \mid A)=\frac{P(A \mid B_i)P(B_i)}{\sum_{j=1}^{n}P(A \mid B_j)P(B_j)} \quad i=1,2,\cdots,n$$

1.1.7　独立性

定义：设 A、B 是两事件，如果具有等式

$$P(AB)=P(A)P(B)$$

则称 A、B 为**相互独立事件**。

容易证明：

(1) 若事件 A 与事件 B 相互独立，则 A 与 $\overline{B}$、$\overline{A}$ 与 B、$\overline{A}$ 与 $\overline{B}$ 也相互独立。

(2) 若 $P(A)>0$，$P(B)>0$，则 A、B 相互独立，与 A、B 互不相容不同时成立。

定理：设 A、B 是两事件，且 $P(A)>0$，A、B 相互独立，则 $P(B|A)=P(B)$ 反之亦然。

定义：设 A、B、C 是三事件，如果具有等式

$$\begin{cases} P(AB) = P(A)P(B) \\ P(BC) = P(B)P(C) \\ P(AC) = P(A)P(C) \end{cases}$$

则称三事件 A、B、C 两两独立。

定义：设 A、B、C 是三事件，如果具有等式

$$\begin{cases} P(AB) = P(A)P(B) \\ P(BC) = P(B)P(C) \\ P(AC) = P(A)P(C) \end{cases}$$

$$P(ABC) = P(A)P(B)P(C)$$

则称 A、B、C 为相互独立的事件。

1.2 随机变量及其分布

1.2.1 随机变量

定义：对于一个随机试验 E，由于随机因素的作用，试验的结果有多种可能性。记 E 的基本空间为 $\Omega=\{\omega\}$。如果对于试验的每一结果 $\omega\in\Omega$，都对应着一个实数 $X\{\omega\}$，它是随着试验结果的不同而变化的一个变量，则称 $X\{\omega\}$ 为**随机变量**。随机变量常用大写字母 X，Y，Z 等表示。

按照随机变量的取值情况，可以将随机变量分为两类：

一类是只取有限个或无穷可列多个值的随机变量，称为**离散型随机变量**；另一类是**非离散型随机变量**，它可能在整个数轴上取值，或至少有一部分取值是某实数区间的全部值。

1.2.2 离散型随机变量的概率分布

1. 离散型随机变量及其分布

定义：离散型随机变量 X 的一切可取值 x_1，x_2，…，x_n，…与其概率间对应关系

$$P\{X = x_k\} = p_k \quad k = 1,2,\cdots$$

称为 X 的**概率分布**或**分布律**，分布律也可以用表格的形式来表示：

X	x_1	x_2	…	x_n	…
p_k	p_1	p_2	…	p_n	…

由概率的定义知离散型随机变量 X 的公布 p_k 应满足如下条件：

(1) $p_k\geqslant 0$ $k=1$，2，…

(2) $\sum_{k=1}^{\infty} p_k = 1$

2. 四种常用的离散型随机变量及其分布

(1) (0-1) 分布

定义：如果随机变量 X 可能取 0 与 1 两个值，其概率分布为

$$P(X=0)=1-p \quad P(X=1)=p \quad 0<p<1$$

或用表格表示

X	0	1
p	$1-p$	p

(2) 二项分布

在 n 重贝努里试验中，若知每次试验事件 A 发生的概率为 p，不发生的概率为 $1-p$，则事件 A 在 n 重贝努里试验中恰发生 $k(0\leqslant k\leqslant n)$ 次的概率为

$$P_n(k)=C_n^k p^k q^{n-k} \quad q=1-p \quad k=0,1,2,\cdots,n$$

若变量 X 表示在 n 重贝努里试验中事件 A 发生的次数，则 X 是一个离散型随机变量，它所有可能取的值为 0、1、2、…n，且有

$$P(X=k)=P_n(k)=C_n^k p^k q^{n-k} \quad q=1-p \quad k=0,1,2,\cdots,n$$

显然有

$$P(X=k)\geqslant 0 \quad k=0,1,2,\cdots,n$$

$$\sum_{k=0}^{n} C_n^k p^k (1-p)^{n-k}=(p+q)^n=1 \quad q=1-p$$

所以 $P(X=k)=P_n(k)=C_n^k p^k q^{n-k}$　$q=1-p$　$k=0$，1，2，…，n 是随机变量 X 的概率分布。

定义：如果随机变量 X 的概率分布为

$$P(X=k)=C_n^k p^k q^{n-k} \quad q=1-p \quad k=0,1,2,\cdots,n$$

其中 $0<p<1$，$q=1-p$，则称 X 服从参数为 n，p 的二项分布，记为 $X\sim B(n, p)$。特别，当 $n=1$ 时二项分布化为 $P(X=0)=q=1-p$，$P(X=1)=p$ 这是 (0-1) 分布。

(3) 几何分布

设试验 E 只有两个可能的对立的结果 A 和 $\overline{A}$，并且 $P(A)=p$，$P(\overline{A})=1-p$，其中 $0<p<1$。将试验 E 独立地重复进行下去，直到事件 A 发生为止，以 X 表示所需要的试验次数，则 X 是一个随机变量。它可能取值是 1、2、3、…。事件 $\{X=k\}$ 表示在前 $k-1$ 次试验中事件 A 都没有发生，而在第 k 次试验中事件 A 发生，它的概率为

$$P(X=k)=(1-p)^{k-1}p, k=1,2,\cdots$$

我们称随机变量 X 服从几何分布。

易知

$$(1-p)^{k-1}p>0 \quad k=1,2,\cdots$$

$$\sum_{k=0}^{\infty}(1-p)^{k-1}p=p\sum_{k=1}^{\infty}(1-p)^{k-1}=p\frac{1}{1-(1-p)}=1$$

(4) 泊松分布

设随机变量 X 可能取的值为 0、1、2、…，并且

$$P(X=k)=\frac{\lambda^k e^{-\lambda}}{k!}\quad k=0,1,2,\cdots$$

其中 $\lambda>0$ 是常数，则称随机变量 X 服从参数为 λ 的泊松（Poisson）分布，记为 $X\sim P(\lambda)$，易知

$$\frac{\lambda^k e^{-\lambda}}{k!}>0\quad k=0,1,2,\cdots$$

$$\sum_{k=0}^{\infty}\frac{\lambda^k e^{-\lambda}}{k!}=e^{-\lambda}\sum_{k=0}^{\infty}\frac{\lambda^k}{k!}=e^{-\lambda}e^{\lambda}=1$$

3. 二项分布和泊松的关系

泊松定理 设 $\lambda>0$ 是一常数，n 为任意正数，$np=\lambda$，则对于任一固定的非负整数 k，有

$$\lim_{n\to\infty}C_n^k P_n^k(1-p_n)^{n-k}=\frac{\lambda^k e^{-\lambda}}{k!}$$

泊松定理表明，当 n 很大，p 很小时，有

$$C_n^k p^k(1-p)^{n-k}\approx\frac{\lambda^k e^{-\lambda}}{k!}$$

其中 $\lambda=np$，这就是二项分布的泊松逼近。

1.2.3 随机变量的分布函数

分布函数

定义 设 X 是一个随机变量，x 是任意实数，函数 $F(x)=P(X\leqslant x)$ 称为 X 的分布函数。

对于任意实数 x_1，$x_2(x_1<x_2)$，有

$$P\{x_1<X\leqslant x_2\}=P\{X\leqslant x_2\}-P\{X\leqslant x_1\}=F(x_2)-F(x_1)$$

分布函数是一个普通的函数，正是通过它我们将能用数学分析的方法来研究随机变量。

分布函数 F（x）具有以下的基本性质：

（1）$F(x)$ 是一个不减函数，事实上

$$F(x_2)-F(x_1)=P\{x_1<X\leqslant x_2\}\geqslant 0\quad x_2>x_1$$

（2）$0\leqslant X\leqslant 1$，且 $F(-\infty)=\lim\limits_{x\to\infty}F(x)=0$

$$F(\infty)=\lim_{x\to\infty}F(x)=1$$

（3）$F(x+0)=F(x)$，即 F（x）是右连续的。

1.2.4 连续型随机变量的概率密度及其分布函数

1. 连续型随机变量的概率密度

定义： 设 $F(x)$ 为随机变量 X 的分布函数，若存在一个非负函数 $f(x)$，使得对于任意实数 x 有

$$F(x)=\int_{-\infty}^{x}f(t)\mathrm{d}t$$

则称 X 为连续型随机变量，其中函数 $f(x)$ 称为 X 的**概率密度函数**，简称**概率密度**。

由定义知道，概率密度函数 $f(x)$ 具有以下性质：

(1) $f(x) \geqslant 0$

(2) $\int_{-\infty}^{\infty} f(t)\mathrm{d}t = 1$

(3) $P\{x_1 < X \leqslant x_2\} = F(x_2) - F(x_1) = \int_{x_1}^{x_2} f(x)\mathrm{d}x \quad (x_1 \leqslant x_2)$

(4) 若 $f(x)$ 在点 x 处连续，则有 $F'(x) = f(x)$

2. 几种重要的连续型随机变量的分布

(1) 均匀分布

如果随机变量 X 的概率密度函数为

$$f(x) = \begin{cases} \dfrac{1}{b-a} & \text{当} a < x < b \text{时} \\ 0 & \text{其他} \end{cases}$$

则称 X 服从 (a, b) 区间上的均匀分布。

对于 (a, b) 上的任意子区间 (c, d)，有

$$P(c < X < d) = \int_c^d f(x)\mathrm{d}x = \int_c^d \frac{1}{b-a}\mathrm{d}x = \frac{d-c}{b-a}$$

表明 X 取值任意一小区间的概率与该小区间的具体位置无关，而只与小区间的长度有关，即在小区间的取值是均匀的，所以称为均匀随机变量。它的概率密度函数和分布函数如图 1.1 所示。

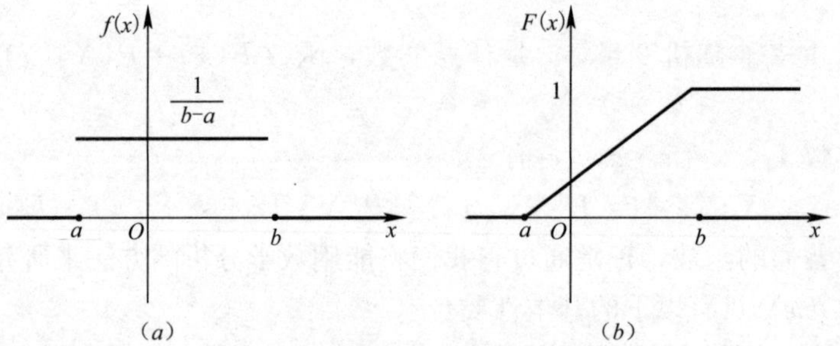

图 1.1　均匀分布

(a) 概率密度函数；(b) 分布函数

(2) 指数分布

如果随机变量 X 的概率密度函数为

$$f(x) = \begin{cases} \lambda e^{-\lambda x}, & \text{当 } x > 0 \text{ 时} \\ 0, & \text{其他} \end{cases}$$

则称 X 服从**指数分布**（参数为 λ），其分布函数为

$$F(x) = \begin{cases} 1 - e^{-\lambda x}, & \text{当 } x > 0 \text{ 时} \\ 0, & \text{其他} \end{cases}$$

指数分布的概率密度函数如图 1.2 所示。

(3) 正态分布

如果随机变量 X 的概率密度为

$$f(x) = \frac{1}{\sqrt{2\pi}\sigma} e^{-\frac{1}{2\sigma^2}(x-\mu)^2} \ (-\infty < x < \infty)(\sigma > 0)$$

则称 X 服从**正态分布** N（μ，σ^2）；简记为 $X\sim N$（μ，σ^2）。概率密度函数如图 1.3 所示。

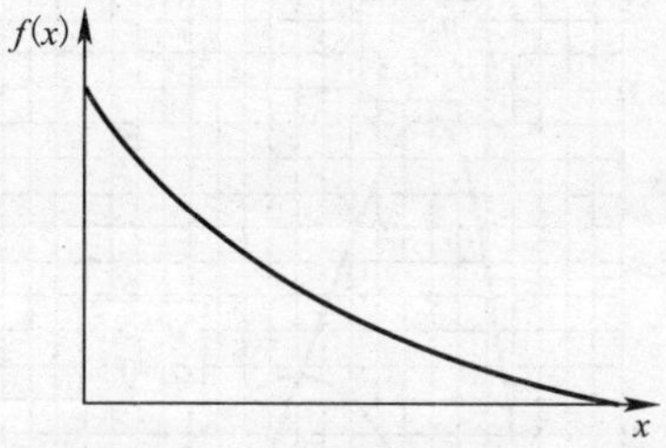

图 1.2 指数分布概率密度函数

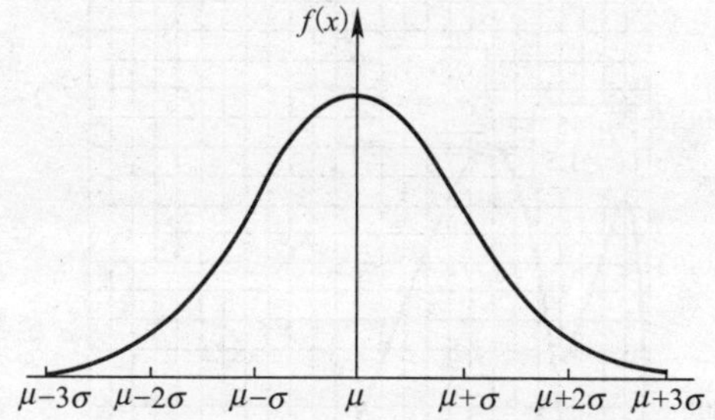

图 1.3 正态分布概率密度函数

$f(x)$ 的形状：在 $x=\mu$ 处得到最大值；曲线相对于直线 $x=\mu$ 对称；在 $x=\mu\pm\sigma$ 处有拐点；当 $x\to\pm\infty$ 处，曲线以 x 轴为渐近线；当 σ 大时，曲线平缓；当 σ 小时，曲线陡峭。

（4）标准正态分布

参数 $\mu=0$，$\sigma=1$ 时的正态分布，即 $N(0,1)$ 称为标准正态分布；密度函数为

$$\varphi(x)=\frac{1}{\sqrt{2x\sigma}}e^{-\frac{x^2}{2}}$$

$$\Phi(x)=\frac{1}{\sqrt{2\pi}}\int_{-\infty}^{x}e^{-\frac{t^2}{2}}\mathrm{d}t$$

易知 $\Phi(-x)=1-\Phi(x)$

（5）对数正态分布

对数正态分布经常用于对单元寿命进行建模，这些单元的故障模式都带有疲劳应力特性。因此这就包含了几乎全部的机械系统，使得对数正态分布应用十分广泛。因此，在对这类单元进行建模时，对数正态分布是 Weibull distribution 的好帮手。

由名字就能够看出，对数正态分布与正态分布一定有某些相似之处。如果一个随机变量的对数遵循正态分布，那么这个随机变量就遵循对数正态分布。因此，这两种分布之间有许多数学上的相似点。比如，这两类分布构造概率比例尺的数学根据以及参数估计量的偏差是十分相近的。

若 $-\infty<\mu<\infty$，$\sigma>0$ 为两个实数，则有下列密度函数

$$f(x)=\begin{cases}\dfrac{1}{\sigma x\sqrt{2\pi}}\exp\left\{-\dfrac{(\ln x-\mu)^2}{2\sigma^2}\right\}, & x>0\\ 0, & x\leqslant 0\end{cases}$$

确定的随机变量 X 的分布称为对数正态分布，记为 $LN(\mu,\sigma^2)$。

典型对数正态密度函数图形如图 1.4 所示。

（6）**柯西分布** 若 $a>0$，$-\infty<\mu<\infty$ 为两个实数，则由下列密度函数

$$f(x)=\frac{a}{\pi}\frac{1}{a^2+(x-\mu)^2},-\infty<x<\infty$$

确定的随机变量 X 的分布为柯西分布，记为 $C(a,\mu)$。

柯西分布的密度函数图形如图 1.5 所示。

（7）***t* 分布** 若 X 服从正态分布 $N(0,1)$，Y 服从 $\chi^2(n)$ 分布，且 X 与 Y 相互独立，则随机变量 $t=\dfrac{X}{\sqrt{Y/n}}$ 的密度函数为

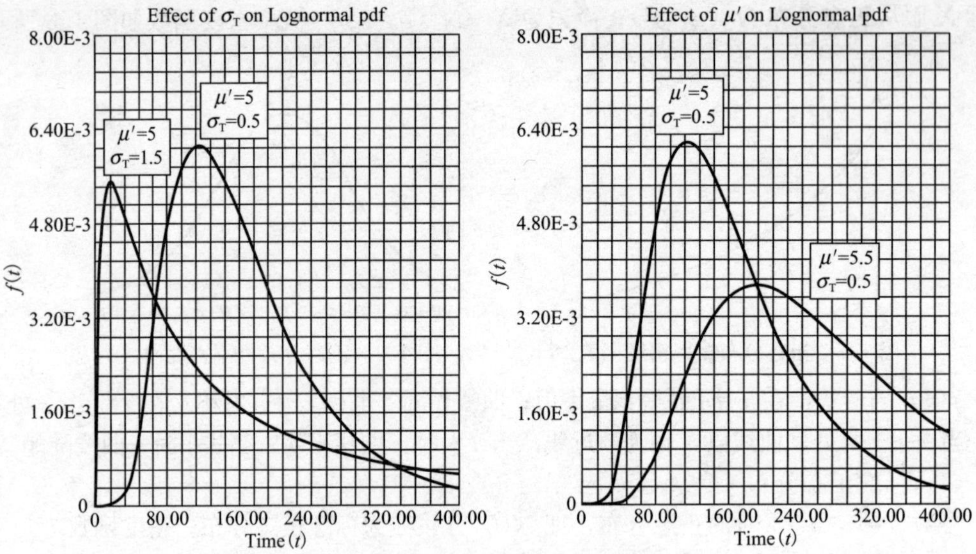

图 1.4 对数正态密度函数图形

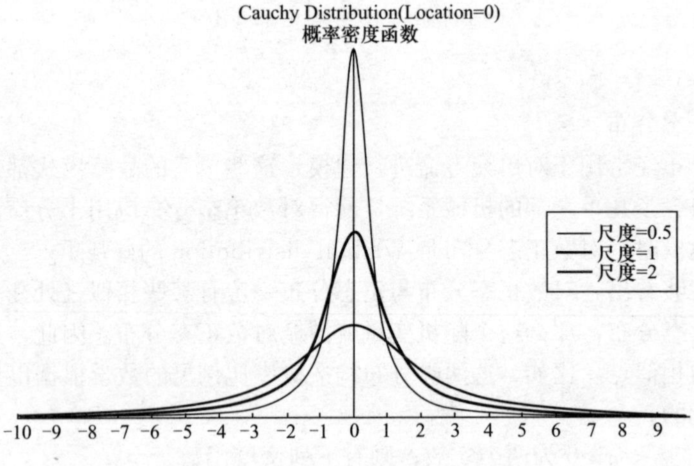

图 1.5 柯西分布的概率密度函数

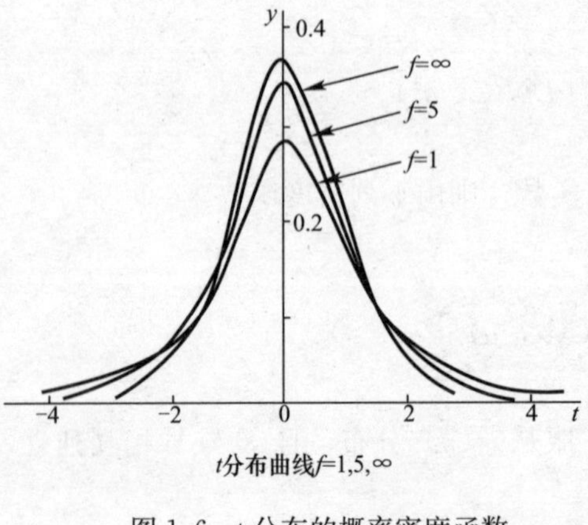

图 1.6 t 分布的概率密度函数

$$f(x)=\frac{\Gamma[(n+1)/2]}{\sqrt{n\pi}\Gamma(n/2)}\left(1+\frac{x^2}{n}\right)^{-\frac{n+1}{2}},$$
$$-\infty<x<\infty,$$

称为自由度为 n 的 t 分布，记为 $t(n)$。t 分布的概率密度函数如图 1.6 所示。

(8) 非中心 t 分布

若 X 服从正态分布 $N(\gamma,1)$，Y 服从 $\chi^2(n)$ 分布，且 X 与 Y 相互独立，则随机变量 $t=\dfrac{X}{\sqrt{Y/n}}$ 的分布称为有自由度 n，非中心参数

为 γ 的非中心 t 分布，记为 $t(n,\gamma)$。非中心 t 分布的密度函数为

$$f(t)=\frac{n^{\frac{n}{2}}e^{-\frac{\gamma^2}{2}}}{\sqrt{\pi}\Gamma\left(\frac{n}{2}\right)(n+x^2)^{\frac{n+1}{2}}}\sum_{m=0}^{\infty}\Gamma\left(\frac{n+m+1}{2}\right)\frac{\gamma^m}{m!}\left[\frac{\sqrt{2}x}{\sqrt{n+x^2}}\right]^m$$

当 $\gamma=0$ 时，非中心 t 分布 $t(n,\gamma)$ 就退化为 t 分布 $t(n)$。

非中心 t 分布的均值

$$E(t)=\gamma\sqrt{\frac{n}{2}}\left[\Gamma\left(\frac{n}{2}\right)/\Gamma\left(\frac{n}{2}\right)\right],n>1;$$

方差

$$Var(t)=\frac{n(1+\gamma^2)}{n-2}-\frac{n\gamma^2}{2}\left[\Gamma\left(\frac{n-1}{2}\right)/\Gamma\left(\frac{n}{2}\right)\right]^2,n>2。$$

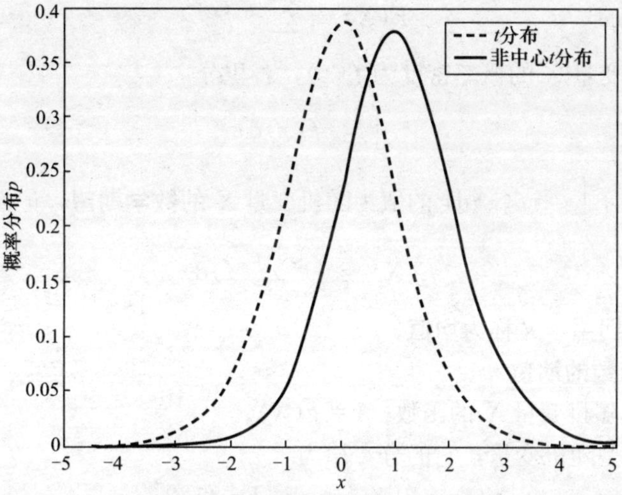

图 1.7 相同自由度（10）t 分布和非中心 t 分布（非中心参数=1）概率密度比较

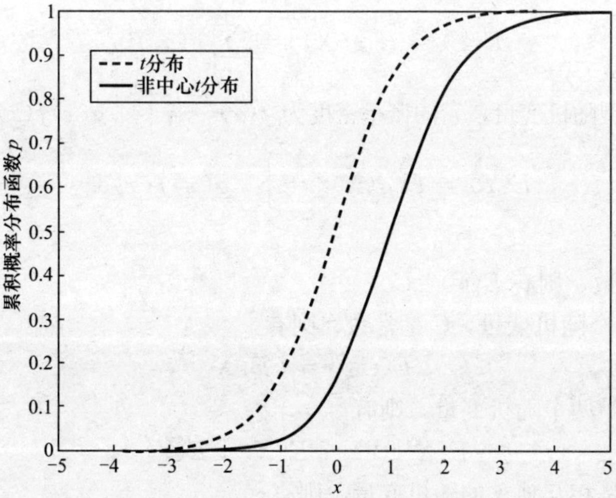

图 1.8 相同自由度（10）t 分布和非中心 t 分布（非中心参数=1）累积概率比较

1.3　随机变量的数字特征

1.3.1　数学期望

1. 数学期望

定义：设离散型随机变量 X 的分布律为

$$P\{X=x_k\}=p\quad k=1,2,\cdots$$

若级数 $\sum_{k=1}^{\infty}x_kp_k$ 绝对收敛，则称级数 $\sum_{k=1}^{\infty}x_kp_k$ 的和为随机变量 X 的**数学期望**，记为 $E(X)$。即

$$E(X)=\sum_{k=1}^{\infty}x_kp_k$$

设连续型随机变量 X 的概率密度为 $f(x)$，若积分

$$\int_{-\infty}^{\infty}xf(x)\mathrm{d}x$$

绝对收敛，则称积分 $\int_{-\infty}^{\infty}xf(x)\mathrm{d}x$ 的值为随机变量 X 的**数学期望**，记为 $E(X)$。即

$$E(X)=\int_{-\infty}^{\infty}xf(x)\mathrm{d}x$$

数学期望简称期望，又称为**均值**。

2. 随机变量函数的期望

定理：设 Y 是随机变量 X 的函数：$Y=g(X)$。

(1) X 是离散型随机变量，它的分布律为

$$p_k=P\{X=x_k\}\quad k=1,2,\cdots$$

若 $\sum_{k=1}^{\infty}g(x_k)p_k$ 绝对收敛，则有

$$E(Y)=E[g(X)]=\sum_{k=1}^{\infty}g(x_k)p_k$$

(2) X 是连续型随机变量，它的概率密度为 $f(x)$，若 $\int_{-\infty}^{\infty}g(x)f(x)\mathrm{d}x$ 绝对收敛，则有

$$E(Y)=E[g(X)]=\int_{-\infty}^{\infty}g(x)f(x)\mathrm{d}x$$

3. 期望的性质

(1) 设 C 是常数，则有 $E(C)=C$

(2) 设 X 是一个随机变量，C 是常数，则有

$$E(CX)=CE(X)$$

(3) 设 X、Y 是两个随机变量，则有

$$E(X+Y)=E(X)+E(Y)$$

(4) 设 X、Y 是相互独立的随机变量，则有

$$E(XY)=E(X)E(Y)$$

1.3.2 方差

1. 方差

定义：设 X 是一个随机变量，若 $E\{[X-E(X)^2]\}$ 存在，则称 $E\{[X-E(X)^2]\}$ 为 X 的方差，记为 $D(X)$ 或 $Var(X)$，即

$$D(X)=E\{[X-E(X)^2]\}$$

而 $\sqrt{D(X)}$，记为 $\sigma(X)$，称为标准差或均方差。

在实际计算中，随机变量 X 的方差通常采用下列公式计算，即

$$D(X)=E(X^2)-[E(X)]^2$$

2. 方差的性质

(1) 设 C 是常数，则有 $D(C)=0$

(2) 设 X 是一个随机变量，C 是常数，则有

$$D(CX)=C^2D(X)$$

(3) 设 X、Y 是相互独立的随机变量，则有

$$D(X+Y)=D(X)+D(Y)$$

(4) $D(X)=0$ 的充要条件是 X 以概率 1 取常数 C，即

$$P\{X=C\}=1$$

显然，这里 $C=E(X)$。

3. 协方差及相关系数

(1) 协方差

定义：量 $E\{[X-E(X)][Y-E(Y)]\}$ 称为随机变量 X 与 Y 的协方差，记为 $Cov(X, Y)$，即

$$Cov(X,Y)=E\{[X-E(X)][Y-E(Y)]\}$$

在实际计算中，随机变量 X 的协方差通常采用下列公式计算，即

$$Cov(X,Y)=E(XY)-E(X)E(Y)$$

协方差具有的性质：

① $Cov(X, Y)=Cov(Y, X)$

② $Cov(\mathrm{a}X, \mathrm{b}Y)=\mathrm{ab}Cov(X, Y)$ a，b 是常数

③ $Cov(X_1+X_2, Y)=Cov(X_1, Y)+Cov(X_2+Y)$

(2) 相关系数

定义：若 $Cov(X, Y)$ 存在，则 $D(X)$，$D(Y)$ 不等于零，则比值

$$\frac{Cov(X,Y)}{\sqrt{D(X)}\sqrt{D(Y)}}$$

称为 (X, Y) **相关系数**，记作 ρ_{xy}，即

$$\rho_{xy}=\frac{Cov(X,Y)}{\sqrt{D(X)}\sqrt{D(Y)}}$$

$\rho_{xy}=0$，则称 X，Y 不相关。

相关系数的性质：

① $|\rho_{xy}|\leqslant 1$

② $|\rho_{XY}|=1$ 充要条件是，存在常数 a，b 使 $P\{Y=a+bX\}=1$

注意：相互独立的两个随机变量 X 和 Y 一定不相关；

若 X 和 Y 不相关，X 和 Y 却不一定相互独立。

1.4　正态总体的样本均值与样本方差的分布

设总体 X（不管服从什么分布，只要均值和方差存在）的均值为 μ，方差为 σ^2，X_1，X_2，…，X_n 是来自 X 的一个样本，$\overline{X}$，S^2 是样本均值和样本方差，则总有

$$E(\overline{X})=\mu,\quad D(\overline{X})=\sigma^2/n$$

而

$$\begin{aligned}E(S^2)&=E\left[\frac{1}{n-1}\left(\sum_{i=1}^{n}X_i^2-n\overline{X}^2\right)\right]\\&=\frac{1}{n-1}\left[\sum_{i=1}^{n}E(X_i^2)-nE(\overline{X}^2)\right]\\&=\frac{1}{n-1}\left[\sum_{i=1}^{n}(\sigma^2+\mu^2)-n(\sigma^2/n+\mu^2)\right]=\sigma^2,\end{aligned}$$

则

$$E(S^2)=\sigma^2$$

进而，设 $X\sim N(\mu,\sigma^2)$，已知 $\overline{X}=\frac{1}{n}\sum_{i=1}^{n}X_i$ 也服从正态分布，于是得到以下定理：

定理一：设 X_1，X_2，…，X_n 是来自正态总体 $N(\mu,\sigma^2)$ 的样本，$\overline{X}$ 是样本均值，则有

$$\overline{X}\sim N(\mu,\sigma^2/n)$$

对于正态总体 $N(\mu,\sigma^2)$ 的样本均值 $\overline{X}$ 和样本方差 S^2 有以下两个重要定理。

定理二：设 X_1，X_2，…，X_n 是总体 $N(\mu,\sigma^2)$ 的样本，$\overline{X}$，S^2 分别是样本均值和样本方差，则有

1°　$\frac{(n-1)S^2}{\sigma^2}\sim x^2(n-1)$；

2°　$\overline{X}$ 与 S^2 独立。

定理三：　设 X_1，X_2，…，X_n 是总体 $N(\mu,\sigma^2)$ 的样本，$\overline{X}$，S^2 分别是样本均值和样本方差，则有

$$\frac{\overline{X}-\mu}{S/\sqrt{n}}\sim t(n-1)$$

证　由定理一、定理二

$$\frac{\overline{X}-\mu}{\sigma/\sqrt{n}}\sim N(0,1),\qquad\frac{(n-1)S^2}{\sigma^2}\sim x^2(n-1),$$

且两者独立。由 t 分布的定义知

$$\frac{\overline{X}-\mu}{\sigma/\sqrt{n}}\Bigg/\sqrt{\frac{(n-1)S^2}{\sigma^2(n-1)}}\sim t(n-1)$$

化简上式左边，即得。

对于两个正态总体的样本均值和样本方差有以下的定理。

定理四：设 X_1，X_2，…，X_{n1} 与 Y_1，Y_2，…，Y_{n2} 分别是来自总体 $N(\mu_1,\sigma_1^2)$ 和 $N(\mu_2,\sigma_2^2)$ 的样本，且这两个样本相互独立。设 $\overline{X}=\frac{1}{n_1}\sum_{i=1}^{n_1}X_i$，$\overline{Y}=\frac{1}{n_2}\sum_{i=1}^{n_2}Y_i$ 分别是这两个样本的均值；$S_1^2=\frac{1}{n_1-1}\sum_{i=1}^{n_1}(X_i-\overline{X})^2$，

$S_2^2=\frac{1}{n_2-1}\sum_{i=1}^{n_2}(Y_i-\overline{Y})^2$ 分别是这两个样本的样本方差，则有

1° $\frac{S_1^2/S_2^2}{\sigma_1^2/\sigma_2^2}\sim F(n_1-1,\ n_2-1)$；

2° 当 $\sigma_1^2=\sigma_2^2=\sigma^2$ 时，

$$\frac{(\overline{X}-\overline{Y})-(\mu_1-\mu_2)}{S_w\sqrt{\frac{1}{n_1}+\frac{1}{n_2}}}\sim t(n_1+n_2-2),$$

其中 $$S_w^2=\frac{(n_1-1)S_1^2+(n_2-1)S_2^2}{n_1+n_2-2},\ S_w=\sqrt{S_w^2}$$

证 1° 由定理二

$$\frac{(n_1-1)S_1^2}{\sigma_1^2}\sim x^2(n_1-1);$$

$$\frac{(n_2-1)S_2^2}{\sigma_2^2}\sim x^2(n_2-1)$$

由假设 S_1^2，S_2^2 独立，则由 F 的分布定义知

$$\frac{(n_1-1)S_1^2}{(n_1-1)\sigma_1^2}\Bigg/\frac{(n_2-1)S_2^2}{(n_2-1)\sigma_2^2}\sim F(n_1-1,n_2-1),$$

即 $$\frac{S_1^2/S_2^2}{\sigma_1^2/\sigma_2^2}\sim F(n_1-1,n_2-1)$$

2° 易知 $\overline{X}-\overline{Y}\sim N\left(\mu_1-\mu_2,\ \frac{\sigma_1^2}{n_1}+\frac{\sigma_2^2}{n_2}\right)$，即有

$$U=\frac{(\overline{X}-\overline{Y})-(\mu_1-\mu_2)}{\sigma\sqrt{\frac{1}{n_1}+\frac{1}{n_2}}}\sim N(0,1)$$

又由给定条件知

$$\frac{(n_1-1)S_1^2}{\sigma_1^2}\sim x^2(n_1-1),\frac{(n_2-1)S_2^2}{\sigma_2^2}\sim x^2(n_2-1)$$

且它们相互独立，故由 x^2 分布的可加性知

$$V=\frac{(n_1-1)S_1^2}{\sigma_1^2}+\frac{(n_2-1)S_2^2}{\sigma_2^2}\sim x^2(n_1+n_2-2)$$

由已知与 U 与 V 相互独立。从而按 t 的分布定义知

$$\frac{U}{\sqrt{V/(n_1+n_2-2)}}=\frac{(\overline{X}-\overline{Y})-(\mu_1-\mu_2)}{S_w\sqrt{\frac{1}{n_1}+\frac{1}{n_2}}}\sim t(n_1+n_2-2)$$

本节所介绍的几个分布以及四个定理，都起着重要的作用。应注意，他们都是在总体为正态这一基本假定下得到的。

第二章　抽样检验的原理和方法

2.1　定义和分类

一批产品，一台设备在某段时间内所生产的同类产品的全体等，都可以叫作一个总体。那么由强度等级相同、龄期相同、生产工艺条件和配合比基本相同且连续施工的混凝土组成的一批混凝土，叫作一个总体。

抽样检验是从产品的总体中抽出一部分，通过检验这一部分产品来估计产品总体的质量。但能否通过检验样本来尽量准确地推断总体质量的关键是必须使用科学的抽样方法，否则，及时检验手段再先进，检验结果再精确，也不可能对总体质量的状况做出准确合理的推断。抽样检验，一方面是产品质量的控制手段，另一方面是交货验收的依据。

单位产品，是指构成产品总体的基本单位。这个基本单位有时可以自然地划分，如一批灯泡中的每只灯泡；有时不能自然划分，如一尺布、一丈布以至一匹布都可以作为一个单位产品。再如一组混凝土试件。

抽样检验应用广泛。目的是通过样本推断总体，要达到通过样本推断总体的目的，需要三个步骤：抽样—>检验—>推断。其中抽样步骤含有两个内容：怎么抽和抽多少？检验这个步骤与抽样检验的理论没有关系，不同的产品、不同的质量特性使用不同的检测设备，有不同的检验方法。推断是用对样本的检测结果对总体进行推断。抽多少与怎样推断构成抽样方案。一个抽检方案必须规定从需要检验的批中如何抽取样本，抽取多大的样本，以及为了决定接受还是拒收此批产品所需的判断规则。

抽样检验是根据部分样本的质量情况推断产品批的质量情况，那么推断错误就在所难免。在抽样检验过程中，存在两种错误。“第一种错误”是把质量较好的批判错，错判的风险由生产方承担；“第二种错误”是把质量差的错判为合格的，漏检的风险由使用方承担。在抽样检验中要绝对避免这两类错判是不可能的，但控制这两类错误发生的概率是可能的。

根据检验产品质量度量尺度的性质（连续的和离散的），可分为计量型和计数型两种。计数抽样检验不用考虑产品质量特征数值的总体分布，计量检验则相反，一定要考虑产品质量特征数值的分布，并且在建立计量检查抽样方案时，抽样方案与产品质量特征的数值分布是不可分开的。所讨论的抽样方案要求质量特征值一定要服从正态分布，否则，这些抽样方案、方法断言不能使用。

抽样检验还可以分为逐批抽检和连续抽检；一次抽检、调整抽检和贯序抽检；以均值衡量批质量的抽检、以不合格品率衡量批质量的抽检和以标准差衡量批质量的抽检等。

混凝土强度质量验收的抽样检验属于：逐批、计量型、均值衡量的一次抽样检验。

2.2 总体、个体、样本等相关概念

下面我们简要介绍一下总体、样本等基本概念。

1. 总体

总体是指研究对象的全体。总体也可以称为母体或全及总体。

作为总体必须同时具备三个特点：总体单位数必须是大量的，有某种共同的属性以及总体单位之间有数值差异。

2. 个体

个体是构成总体的基本单位，也可称为总体单位。安检验产品的类别不同，常可分为两大类：离散个体和散料。所谓离散个体是指具有特定形状的可分离的有形产品，这类产品可以按自然单位划分，如一只灯泡、一支笔、一个螺钉等；散料是通过将原材料转化成某一预定状态所形成的有形产品，这类产品的状态可以是液态、气态及形状不同的固态（如块状、板状、线状、粒状等）。这类产品不能按自然划分，常结合工艺和包装人为规定，如一匹布、一吨煤，或一定容积、一定体积等。

3. 样本

样本是根据随机原则从总体中抽取的部分个体构成的集合。样本又称为样本总体或子样。样本中的个体称为样品。通常将样本中的个体数量（样本容量）用 n 表示。按 n 的大小不同分为：$n \geqslant 30$ 为大样本，$n < 30$ 为小样本。

4. 总体指标

总体指标是指总体单位的标志值或标志特征基计算的指标。通常用总体平均值和总体标准差。

（1）总体均值

$$\mu = \frac{\sum_{i=1}^{N} x_i}{N} \tag{2.1}$$

（2）总体标准差

$$\sigma = \sqrt{\frac{\sum_{i=1}^{N} (x_i - \mu)^2}{N}} \tag{2.2}$$

5. 样本指标（抽样指标）

（1）样本均值

$$\bar{x} = \frac{\sum_{i=1}^{n} x_i}{n} \tag{2.3}$$

（2）样本标准差

$$s = \sqrt{\frac{\sum_{i=1}^{n} (x_i - \bar{x})^2}{n-1}} \tag{2.4}$$

2.3 检验批、批量、样本单位（样品）和样本的概念

1. 检验批

（1）定义：为实施抽样检验的需要而汇集起来的若干单位产品称为检验批，简称批。

（2）组批的基本条件：检验批应该是在基本相同的时段，由生产过程稳定和一致的条件下产生同种（型号、规格、等级、成分等）产品构成。批内所有单位产品的同一质量特性服从同一统计分布，所有单位产品不可有本质的差别，只能有随机波动。

（3）检验批的分类：

① 按组批的形式一般可以分流动批和稳定批。流动皮是按生产或流通过程自然形成的产品批（如投料批．运输批等）来划分，单如果自然批过大或过小，为抽样方便，也可以认为对其进行分解或合并组成检验批。稳定批是把产品整批储放在一起，批中所有的单位产品同时提交检验。

② 按组批以后批与批之间的关系，可以划分为连续批和孤立批。连续批是提交的一系列批，前面的批的检验结果在后面的批的生产前是可以利用的，对后续生产的质量能产生有利的影响。批的提交检验的顺序要和生产顺序相同，检验应及时进行，前面的批检验结果是对后续生产提供质量变化的信号。孤立批是不能利用以前批的信息来影响后续提交批，或批次太少没有充分的机会来对后续的提交批产生影响。对于初次接触的供方和需方的初次交易都可以按孤立批来对待。

2. 批量

批中所含单位产品的数量称为批量，以 N 表示。

从抽样方案来看组批大小，大批量的抽样方案由于样本量相对小，所以抽样的经济性较好，同时绝对样本量又较大，所以抽样的可靠性也较好。但是由于抽样风险的不可避免性，所以从这个角度看，一旦发生错判，给供需双方造成的损失也大。

如果生产过程稳定，组批可以尽量大些，也可将一小批汇集成大批。但是组批时必须遵循组批的基本原则。

3. 样本单位（样品）和样本

从批中抽取作检验用的单位产品称为样本单位，而样本单位的全体称为样本。样本大小是指样本中包含样本单位的全体，用字母 n 表示。

2.4 两种错误判断（风险）

采用抽样检验与采用百分百检验不同，只要采用抽检就可能产生两种错误的判断，即将合格批判为不合格，这类错误判断叫作弃真错误，或“第一种错判”，这种风险对于生产方是不利的；也可能将不合格批判断为合格，这类错误判断叫作存伪错误，或“第二种错判”，这种风险对于使用方是不利的。

抽样检验是根据部分样本的质量情况推断产品批的质量情况，那么推断错误就在所难免。任何方案都不可能做到所有达到 AQL 质量水平的产品批都判为合格，也不可能让所有低于 LQ 的产品批都判为不合格。在抽样检验过程中，存在两种错误。因为产品质量的

特征值具有离散性，在 AQL 中难免有少量的低质产品，一旦抽样时抽到它，那么整批产品有可能判为不合格，这是生产方要承担的风险，也叫“错判概率”或“第一种错误”，一般用 α 表示。同样，在 LQ 中也存在个别高质量产品，一旦抽样碰上，就有可能将整批产品判为合格，这是使用方要承担的风险，也叫“漏判概率”或“第二种错误”，一般用 β 表示。在抽样检验中要绝对避免这两类错判是不可能的，但控制这两类错误发生的概率是可能的。

《建筑工程施工质量验收统一标准》GB 50300—2001 中第 5 页，3 基本规定中第 3.0.5 条，在制定检验批的抽样方案时，对生产方（或错判概率 α）和使用方风险（或漏判概率 β）可按下列规定采取：

（1）主控项目：对应于合格质量水平的 α 和 β 均不宜超过 5%。

（2）一般项目：对应于合格质量水平的 α 不宜超过 5%，β 不宜超过 10%。

α 和 β 的通常取值为 0.01，0.05 或 0.10 等。一般由生产方和使用方协商确定。

2.5　可接收质量水平 AQL 和拒收（极限）质量水平 RQL（或 LQ）

一般可以从工程的要求出发，规定两个质量水平（quality level)，一个是出于功能要求的最低质量水平，称为 RQL 或 LQ，对应的接收概率为用户方风险 β；另一个出于经济要求而规定一个可接受的质量水平 AQL，对应的接收概率为 $1-\alpha$。

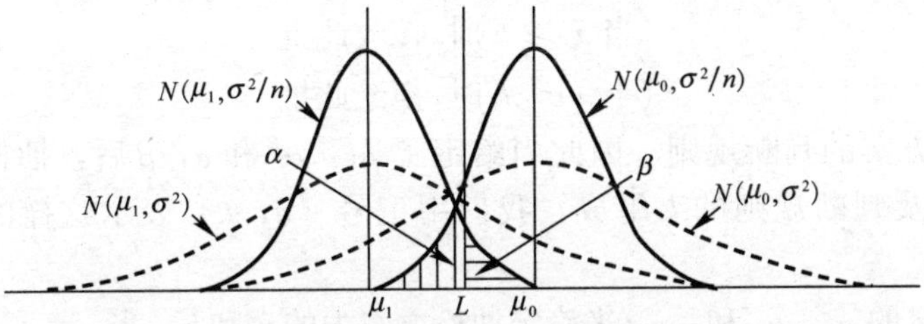

图 2.1　一次计量抽样方案 α、β 和对应的 AQL 和 LQ 示意图

2.6　以总体均值衡量产品质量情形的抽检方案原理

有些产品是以特征 X 的均值 μ 来衡量的。可以分为两种情况，一种是要求 μ 越大越好（或越小越好），因此只规定一个单侧的下限（或上限）；另一种是要求 μ 不能偏离标准差太远，从而规定有双侧的上、下限。这里仅讨论第一种情形。

我们假定 X 的标准差 σ 是不变的，分两种情形讨论。

1. σ 已知的情形。假定产品的特征 X 服从 $N(\mu,\sigma^2)$，μ 越大越好。如何来制定一次抽检方案呢？通常我们事先规定两个质量指标 μ_1，μ_2（$\mu_1>\mu_2$），其中 μ_1 是标准值。因此我们要求当 $\mu>\mu_1$ 时，应以很高的概率（大于或等于 $1-\alpha$）接收这批产品；而当 μ 比 μ_1 小到一定程度，当 $\mu\leqslant\mu_2$ 时，则应以小概率（不超过 β）接收这批产品，其中 α 和 β 分别为事先规定的第一种判错概率（生产方风险）和第二种判错概率（使用方风险）。

抽检方案首先要确定需要抽检的单位产品数，n 通过这组样品可求得特征 X 的样本均值 $\bar{x}$。可以设想，如果总体的均值 $\mu=\mu_1$，则 $\bar{x}$ 不能比 μ_1 小太多，由于 $\bar{x}$ 服从 $N(\mu_1,\sigma^2/n)$，如下图所示：

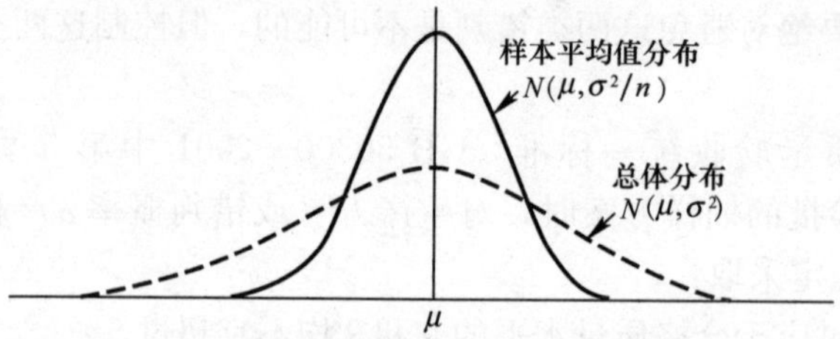

图 2.2　样本正态分布与总体正态分布

按照正态分布的性质，我们有理由确定一个数值 k'，使当

$$\bar{x}-\mu_1 \geqslant k'\sigma/\sqrt{n} \tag{2.5}$$

时，认为此批产品是合格的，应予接收。相反，当

$$\bar{x}-\mu_1 < k'\sigma/\sqrt{n} \tag{2.6}$$

时，认为此批产品是不合格的，应予拒绝。

如果令 $\mu_1+k'\sigma/\sqrt{n}=k$，则上式可以改为

$$\begin{cases}\text{当 } \bar{x}\geqslant k \text{ 时,接收此批}\\ \text{当 } \bar{x}< k \text{ 时,拒绝此批}\end{cases} \tag{2.7}$$

这就是抽检方案的判断规则。因此当给定了 μ_1，μ_2 和 α，β 后，抽检方案就是由抽检样品的个数 n 及判断规则的 k 组成，我们用记号（n，k）表示这样的计量一次抽检方案。

现在根据给定的 μ_1，μ_2 和 α，β 来确定抽检方案中的 n 和 k。当 $\mu=\mu_1$ 时，理应接收这批产品，此时一个大小为 n 的样本的平均值 $\bar{x}\sim N(\mu_1,\sigma^2/n)$，故 $\bar{x}$ 仍有一定的概率小于 k 而被拒绝。如图 2.3 所示。根据要求的抽检方案应使

$$P(\bar{x}<k)=\alpha \tag{2.8}$$

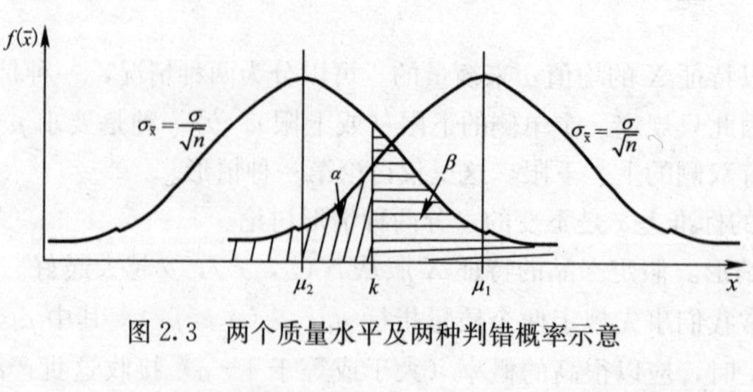

图 2.3　两个质量水平及两种判错概率示意

这样，当 $\mu\geqslant\mu_1$ 时，就可以保证 $P(\bar{x}<k)\leqslant\alpha$，或 $P(\bar{x}\geqslant k)\geqslant 1-\alpha$。从上式（2.8）我们有式 2.9：

$$P(\bar{x} < k) = \Phi\left(\frac{k-\mu_1}{\sigma/\sqrt{n}}\right) = \alpha \tag{2.9}$$

从而有如 2.10 式所示

$$\frac{k-\mu_1}{\sigma/\sqrt{n}} = \Phi^{-1}(\alpha) \tag{2.10}$$

当 $\mu=\mu_2$ 时，理应拒绝这批产品，此时一个大小为 n 的样本的平均值 $\bar{x}\sim N(\mu_2, \sigma^2/n)$，故 $\bar{x}$ 仍有一定的概率大于 k 而被接收。如上图。根据要求的抽检方案应使

$$P(\bar{x} \geqslant k) = \beta \tag{2.11}$$

这样当 $\mu\leqslant\mu_2$，有 $P(\bar{x}\geqslant k)\leqslant\beta$。

$$P(\bar{x} \geqslant k) = 1 - P(\bar{x} < k) = 1 - \Phi\left(\frac{k-\mu_2}{\sigma/\sqrt{n}}\right) = \beta \tag{2.12}$$

从而有如 2.13 式所示

$$\frac{k-\mu_2}{\sigma/\sqrt{n}} = \Phi^{-1}(1-\beta) \tag{2.13}$$

由式（2.10）、（2.13）可以解出满足要求的抽检方案的 n 和 k 如下：

$$\begin{cases} n = \left[\dfrac{\Phi^{-1}(\alpha) - \Phi^{-1}(1-\beta)}{\mu_1 - \mu_2}\sigma\right]^2 \\ k = \dfrac{\mu_2\Phi^{-1}(\alpha) - \mu_1\Phi^{-1}(1-\beta)}{\Phi^{-1}(\alpha) - \Phi^{-1}(1-\beta)} \end{cases} \tag{2.14}$$

上式可以看出，所需抽检的单位产品数 n 与 σ^2 成正比，而与 $(\mu_1-\mu_2)^2$ 成反比。在具体规定 μ_1 与 μ_2 时，注意不要使两者靠得太近，否则抽检的样品数就需要很多。从上面的讨论中容易看到，当产品特征的实际均值为 μ 时，上式决定的一次抽检方案，接收概率为：

$$L(\mu) = 1 - \Phi\left(\frac{k-\mu}{\sigma/\sqrt{n}}\right) \tag{2.15}$$

由此可以作出 OC 曲线。

2. $\boldsymbol{\sigma}$ 未知的情形。有时历史资料积累不多或者由于其他原因，总体的标准差 σ 不能精确估计，只能有一个粗略的估计，此时制定的抽检方案（包括判断规则）与 σ 已知的情况略有差别。即要把对 σ 估计不准确度考虑进去。以规定有单侧下限为例。当给定 μ_1，μ_2 和 α，β 后，设 $\mu=\mu_1$，抽取一个大小为 n 的样本，求得 X 的样本均值 $\bar{x}$，此时 $\bar{x}\sim N(\mu_1, \sigma^2/n)$，但是由于 σ 未知，因此只能用样本标准差 s 代替 σ。但用 s 代替 σ 后，$(\bar{x}-\mu_1)/(s/\sqrt{n})$ 就不是严格服从 $N(0, 1)$，而是服从另一种 t 分布。此时我们有理由确定一个数值 t'，使当

$$\bar{x} - \mu_1 \geqslant t'\frac{s}{\sqrt{n}} \tag{2.16}$$

或者令 $t=\dfrac{t'}{\sqrt{n}}$，当

$$\bar{x} - ts \geqslant \mu_1 \tag{2.17}$$

时，认为该产品是合格的，应予以接收；反之，应予拒绝。因此，在这种情形，抽检方案的判断规则应为：

$$\begin{cases}当\ \bar{x}-ts\geqslant\mu_1\ 时,接收此批\\ 当\ \bar{x}-ts<\mu_1\ 时,拒绝此批\end{cases}\tag{2.18}$$

从正态分布的性质得知，如果 n 比较大，当 $\mu=\mu_1$ 时，$\bar{x}-ts$ 的分布接近 $N\left[\mu_1-t\sigma,\sigma^2\left(\frac{1}{n}+\frac{t^2}{2(n-1)}\right)\right]$；当 $\mu=\mu_2$ 时，$\bar{x}-ts$ 的分布接近 $N\left[\mu_2-t\sigma,\sigma^2\left(\frac{1}{n}+\frac{t^2}{2(n-1)}\right)\right]$，其中 σ 可根据已有的资料估计。此时

$$\begin{cases}\Phi\left[\dfrac{t\sigma}{\sigma\sqrt{\dfrac{1}{n}+\dfrac{t^2}{2(n-1)}}}\right]=\alpha\\ 1-\Phi\left[\dfrac{u_1-\mu_2+t\sigma}{\sigma\sqrt{\dfrac{1}{n}+\dfrac{t^2}{2(n-1)}}}\right]=\beta\end{cases}\tag{2.19}$$

根据上式，可以求解：

$$\begin{cases}n=\sigma^2\left[\dfrac{\Phi^{-1}(\alpha)+\Phi^{-1}(\beta)}{\mu_1-\mu_2}\right]^2+\dfrac{[\Phi^{-1}(\alpha)]^2}{2}\\ t=\dfrac{(\mu_1-\mu_2)\Phi^{-1}(\alpha)}{\sigma[\Phi^{-1}(\alpha)+\Phi^{-1}(\beta)]}\end{cases}\tag{2.20}$$

采用上述抽检方案时的接收概率为

$$L(\mu)=1-\Phi\left[\frac{u_1-\mu_2+t\sigma}{\sigma\sqrt{\dfrac{1}{n}+\dfrac{t^2}{2(n-1)}}}\right]\tag{2.21}$$

2.7　混凝土强度的标准差

目前的观点普遍接受下图 2.4 观点 D。

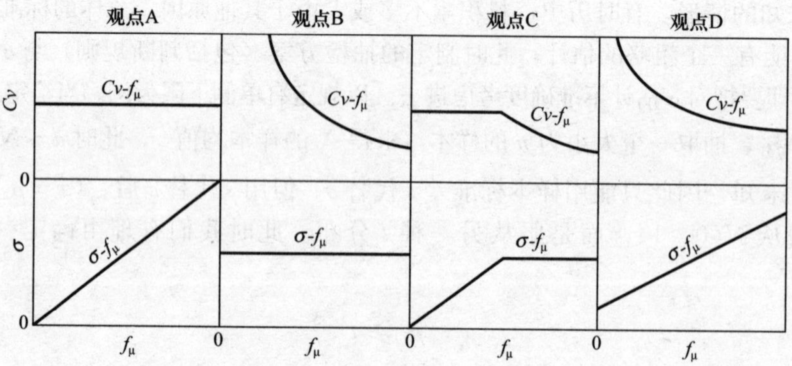

图 2.4　混凝土强度标准差、变异系数与平均值关系的四种观点图示

验证如下图 2.5 和图 2.6 所示：

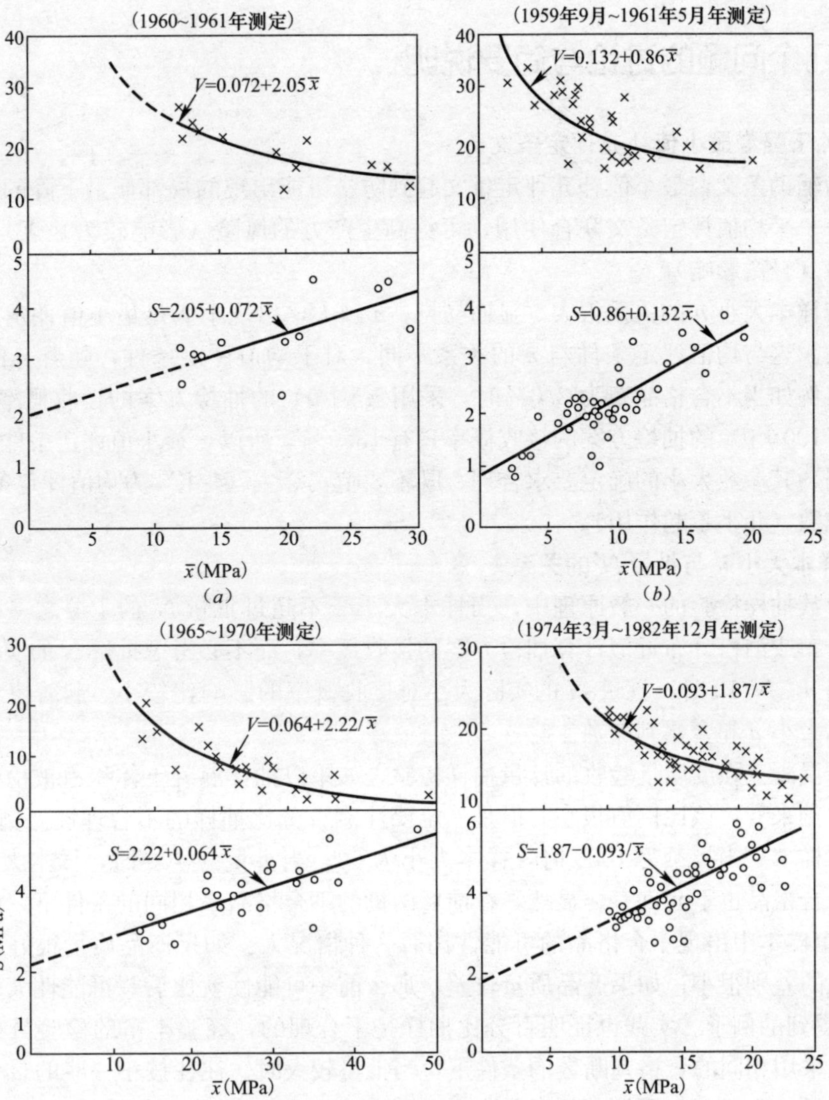

图 2.5 施工现场测得的混凝土试件强度标准差、变异系数与平均值的关系

(a) 富春江大坝；(b) 丹江口大坝前期；(c) 丹江口大坝后期；(d) 乌江渡大坝江北拌和站

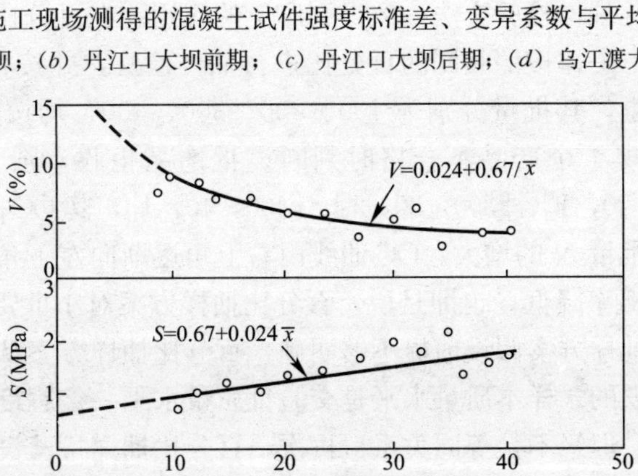

图 2.6 试验室测得的关系图

2.8 几个问题的讨论与简要说明

1. 关于强度最小值补充评定条文

作为辅助条文，最小值补充评定条文起到防备可能出现的局部质量下降的作用。与主要条文——平均值评定条文联合使用，可提高生产方的风险（影响较为显著），降低使用方的风险（轻微影响）。

它与样本大小 n 的关系很大。显而易见，n 越大，出现不满足最小值评定条件的可能性就越大。这与均值评定条件与 n 的关系不同，对于均值评定条件，随着 n 的增大 α，β 均降低。例如当不合格品率为 2.0%时，采用（5 | 0）的抽检方案的接收概率为 90.0%，而采用（100 | 0）的抽检方案的接收概率只有 13.0%。所以，最小值评定条件起到辅助调节的作用，其参数大小的确定要求合理，既不要喧宾夺主（“主”为均值评定条件），也不能滥竽充数（几乎不起作用）。

2. 样本大小 n 与批量 N 的关系

在计数抽样检验的一般原理中，当样本大小 n 不超过批量 N 的十分之一时，可以利用二项分布或泊松分布近似计算抽检方案的接收概率，而不必考虑批量 N 的实际大小。就是说，当 $n \leqslant N/10$ 时，批量 N 的实际大小对接收概率的影响比较小，起着决定作用的是样本实际大小 n 和合格判断数。

对于混凝土强度质量验收的计量抽样检验，如果以抽样混凝土体积占被检验混凝土总体积的比例来看，该比例值很小。但是一定要注意百分比抽样的不合理性。例如，按 5% 比例抽取样本。当批量为 1000 时，样本大小为 50；当批量为 100 时，样本大小为 5，其中一个不合格品也不允许有。显然，在前后两批的不合格品率相同的条件下，前面一批抽取的 50 个样本中出现不合格品的可能性比后一种情况大。如果产品质量很好，前后两个的可能性的差别很小；如果产品质量较差，那么前一可能性就比后一可能性大多了。如前面（1）提到的例子。实践也证明百分比抽样是不合理的，经验丰富的检验员在对批量不同的产品采用相同的合格判断数的条件下，当批量较大时，往往按小一些的百分比抽取样本；当批量较小时，则取较大的百分比样本。

长期以来，百分比抽样检验方法一致得到广泛的应用。在百分比抽样检验过程中，无论交验批的批量大小，一律按照相同的百分比进行抽样检验，并按相同的接收数 Ac 进行判定。设有 4 个交验批，其批量分别为 100、200、300、400，均按照 10%的比例进行抽样检验，当样本中出现 1 个产品不合格时判断该批产品拒收，则 4 个抽样方案分别为[100，10，1]、[200，20，1]、[300，30，1]、[400，40，1]，其 OC 曲线如图 2.7 所示：

由图可知，随着批量 N 的增大，OC 曲线由右上角逐渐向左下角移动，在相同的不合格品率 p 下，其接收概率降低。也即是说，百分比抽样方案对小批要求过松，对大批要求过严。其次，百分比抽样方案假设前提不够明确，百分比抽样方案认为样本质量水平即为交验批质量水平是错误的。样本质量水平是交验批质量水平一定程度上的近似反应，两者存在一定的推断关系，但绝不是等同关系。再次，百分比抽样检验没有明确的质量保证条件，且其抽样的比例也缺乏科学的理论基础，而统计抽样检验方案的设定是以质量保证条件为前提条件的。

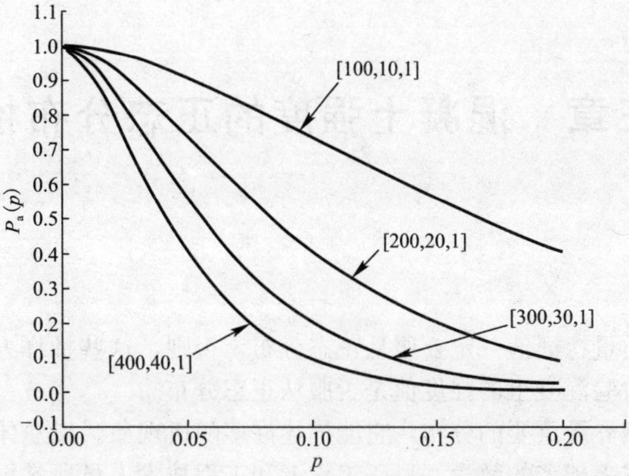

图 2.7 百分比抽样的检验 OC 曲线

3. 关于“批”的概念

很多关于“抽样检验”的教科书或手册中，提到的“批”与 GB 107—87 中提到的“验收批”概念不一致。教科书认为“批”是被检验产品的全体；而 GB 107—87 中提到的“验收批”是抽检样本的全体，例如：“应由连续的三组试件组成一个验收批”、“应由不少于 10 组的试件组成一个验收批”等。

第三章　混凝土强度的正态分布检验

3.1 引言

抽样方案要求质量特征值一定要服从正态分布，否则，这些抽样方案、方法断言不能使用。所以我们要检验混凝土的强度值是否服从正态分布。

正态分布是自然界最重要的分布，它能描述许多随机现象。以总体服从正态分布为前提的统计方法已被越来越多的教学、科研工作者和工程技术人员所掌握。然而，在一个实际问题中，总体一定是正态分布吗？如果不顾这个前提成立与否，盲目套用公式，可能影响统计方法的效果。因此，正态性检验是统计方法应用中的重要问题。

长期以来，我国有关的教科书沿着苏联的模式，在谈到正态性检验时，只介绍χ^2适合度检验和柯尔莫哥洛夫检验。这两种“万金油式”的检验方法，对正态性检验不具有特效。

我国已经制订了国家标准 GB 4882—85 正态性检验，它介绍了国际上采用的先进的检验方法。早在 20 世纪 20 年代，已经有了专用的正态性检验方法，这个问题的研究一直在进行。事实上，正态性检验方法的原理不仅对该标准的使用和研究有一定的作用，而且研究方法别具一格，是数理统计宝库的重要组成部分。现将检验方法和相应的原理做一简单介绍。

3.2 正态性检验方法简要介绍

W 检验是一种有效的正态性检验方法，它是 S. S. Shapiro 和 M. B. Wilk 在 1965 年提出来的。这种方法在样本容量 $3<n<50$ 时都能使用。在 Shapiro-Wilk$W$ 中，$P_r<W$ 为检验的显著性概率值（p 值）。当 $N\leqslant 2000$ 时正态性检验用 Shapiro-Wilk 统计量；$N>2000$ 时用 Kolmogorov D 统计量。

D 检验是 D Agostino 在 1971 年提出的 D Agostino 检验（简称 D 检验）。这种检验不需要附系数表，它所适用的样本容量 n 的范围为：$50<n<1000$。

Jarque—Bera 检验评价 X 服从未知均值和方差的正态分布的假设是否成立。该检验基于 X 的样本偏度和峰度。对于正态分布数据，样本偏度接近于 0，样本峰度接近于 3。Jarque—Bera 检验确定样本偏度和峰度是否与它们的期望值相差较远。它不能用于小样本的检验，对于小样本，用 Lilliefors 检验比较合适。

3.3 混凝土强度的正态分布检验

1. 实例检验举例

随机选取《混凝土系列标准及其有关问题介绍》书中第 64 页例 2 的数据进行了正态

分布检验。结果如下：

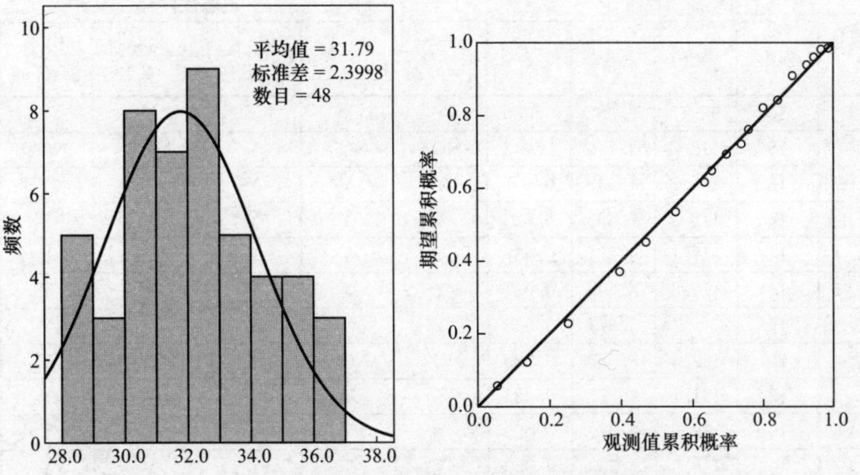

图 3.1　混凝土强度直方图和 P－P 概率图

混凝土强度正态分布的 Shapiro-wilk 检验　　　　**表 3.1**

数据来源	样本数	W 统计量	P 值	检验判断结果
P64 页表 6.2	48	0.955	0.106	正态　显著性水平 0.05

2. 过去的检验结果

对于一般强度等级的混凝土，研究表明对大量混凝土试件强度做正态分布的假设检验，证明大多数成正态分布。见下表 3.2。

正态分布统计结果　　　　**表 3.2**

统计时段	天	月	季	年	总计
检验批数	123	38	36	38	235
试件组数	1345	5067	5610	10300	22322
强度成正态分布的（%）	91.1	81.6	75.0	57.9	71.4

统计时段为年的，由于时间太长，混凝土生产条件和质量控制水平难以保持不变或基本不变，试件不可能来自同一总体，其成正态分布的比例较低。

所以，混凝土强度分布多按正态分布计，也有按对数正态分布计的，因计算不便，使用较少。

3. 高强混凝土强度的正态性检验

从 1987 年《混凝土强度检验评定标准》颁布至今，混凝土逐渐高强高性能化，为了检验高强混凝土强度的正态性，选取几个工程实例来说明。

高强混凝土强度正态性检验结果　　　　**表 3.3**

工程	编号	描述性统计				正态性检验					
		样本	均值	标准差	δ	C－M α＝0.25	A－D α＝0.25	K－S α＝0.15	Lilliefors 0＝0.15	J－B α＝0.05	W α＝0.05
远吉 C100	A	15	116.1	5.177	0.045	Y	Y	Y	Y	Y	Y
	B	18	115.8	3.831	0.033	Y	Y	Y	Y	Y	Y
	A＋B	33	115.9	4.421	0.038	Y	Y	Y	Y	Y	Y

续表

工程	编号	描述性统计				正态性检验					
		样本	均值	标准差	δ	C—M α=0.25	A—D α=0.25	K—S α=0.15	Lilliefors 0=0.15	J—B α=0.05	W α=0.05
鲁尔 C80		16	98.77	2.982	0.030	Y	Y	Y	Y	Y	Y
贵和 C100		28	113.7	4.740	0.042	NOT	NOT	Y	NOT	NOT	NOT
皇朝万鑫大厦	C100-2	16	120.1	4.408	0.037	Y	Y	Y	Y	Y	Y
	C100-1	16	118.0	2.892	0.025	Y	Y	Y	Y	Y	Y
	C100>1	16	117.1	4.281	0.037	Y	Y	Y	Y	Y	Y
	C100>2	16	119.8	3.696	0.031	Y	Y	Y	Y	Y	Y
	C100>3	16	117.4	3.377	0.029	Y	Y	Y	Y	Y	Y
	C100>4	16	122.4	3.580	0.029	NOT	NOT	Y	NOT	Y	Y
	C100>5	12	121.1	2.772	0.023	Y	Y	Y	Y	Y	Y
	C100>6	10	119.9	2.379	0.020	Y	Y	Y	Y	Y	Y
	C100>7	10	116.5	3.533	0.030	Y	Y	Y	Y	Y	Y
	C100>8	16	118.6	4.499	0.038	Y	Y	Y	Y	Y	Y
	合并	144	119.1	3.980	0.033	Y	Y	Y	Y	Y	Y
大西电业园 C80		105	95.91	6.876	0.072	Y	Y	Y	Y	Y	Y

表中：C—M 表示 Cramer—von Mises 检验；A—D 表示 Anderson—Darling 检验；K—S 表示柯尔莫哥洛夫检验；Lilliefors 表示 Lilliefors 检验（可进行未指定均值和方差的正态性检验，统计分析软件 SAS 和 SPSS 的 K—S 检验实际上就是 Lilliefors 检验）；J—B 表示 Jarque—Bera 检验；W 表示 Shapiro—Wilk 检验。

高强混凝土抗压强度抽样数据的三种正态分布检验结果：

对数据进行如下正态分布检验：Kolmogorov—Smirnov 检验、χ^2 检验、Jarque—Bera 检验（通过χ^2 统计量来判定样本偏度和峰度是否与他们的期望值显著不同），W 检验和 D 检验或 Epps—Pulley 检验（n=50 以上）。并进行各种检验方法的检验功效对比。目前仅做了 Kolmogorov—Smirnov 检验、Jarque—Bera 检验和 Shapiro—Wilk 检验（即：W 检验，n>50 的仍利用计算机暂时采用 W 检验方法）

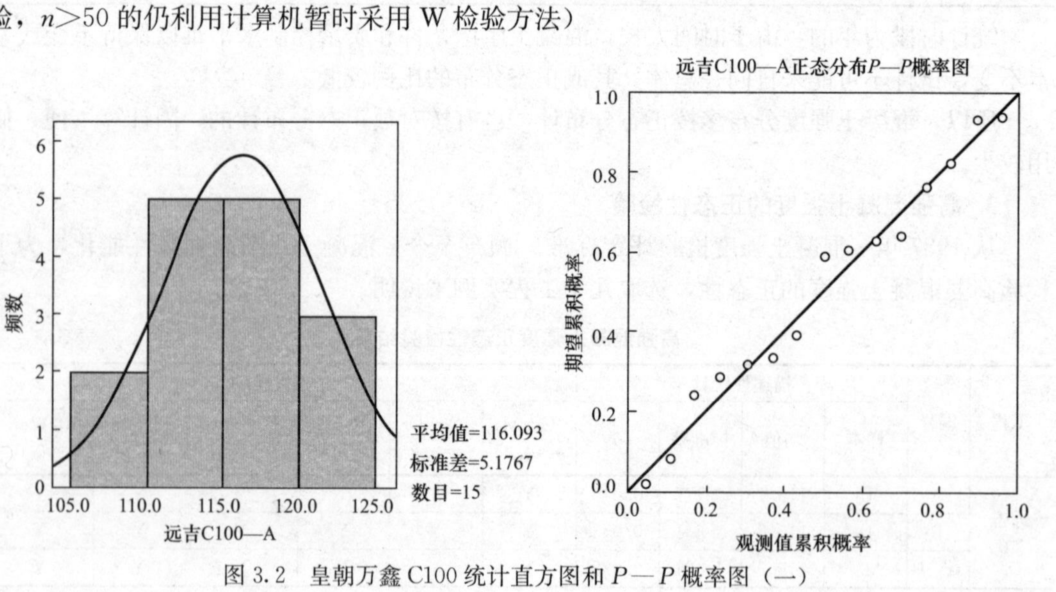

图 3.2　皇朝万鑫 C100 统计直方图和 P—P 概率图（一）

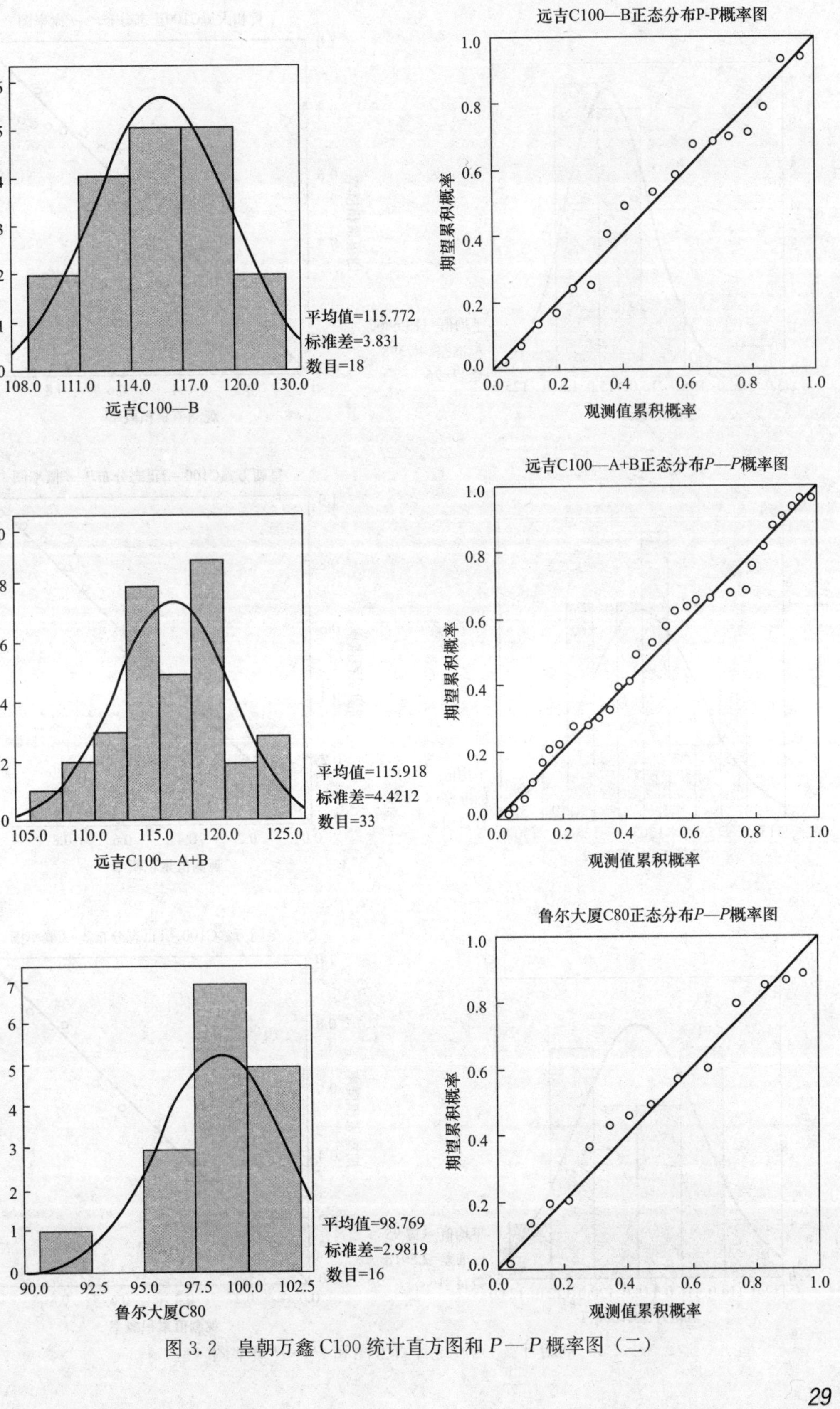

图 3.2 皇朝万鑫 C100 统计直方图和 $P—P$ 概率图（二）

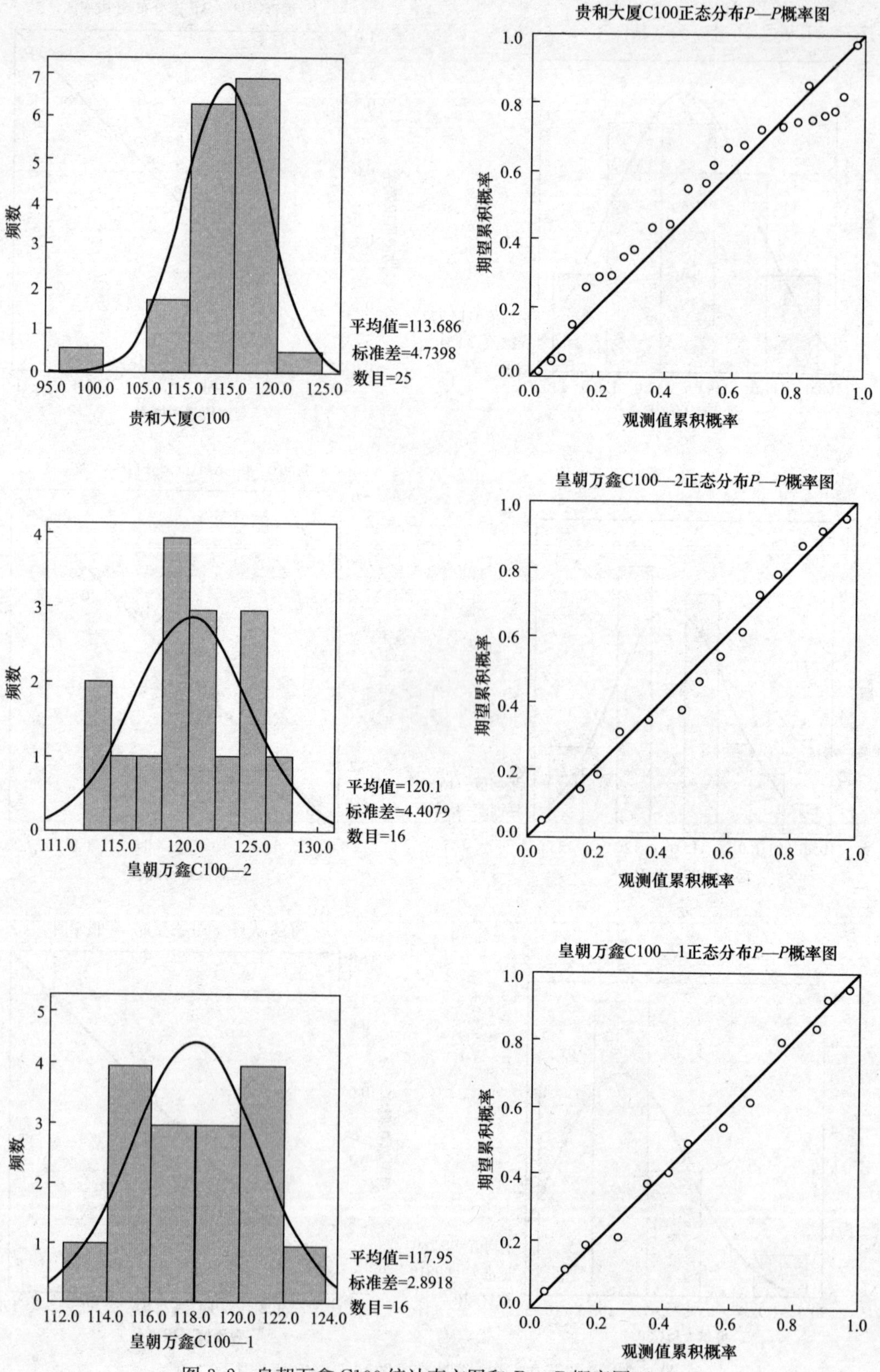

图 3.2 皇朝万鑫 C100 统计直方图和 P—P 概率图（三）

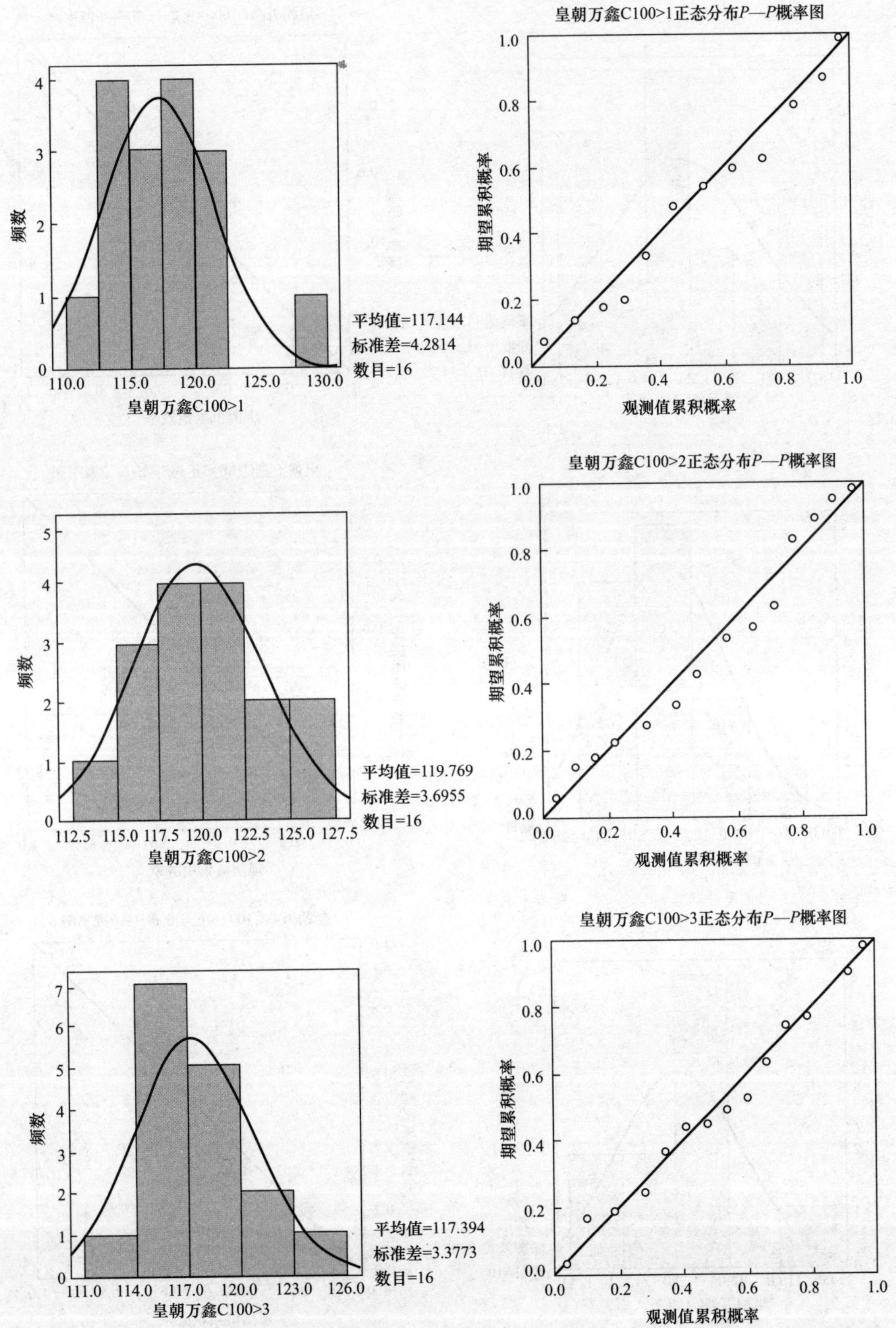

图 3.2 皇朝万鑫 C100 统计直方图和 P—P 概率图（四）

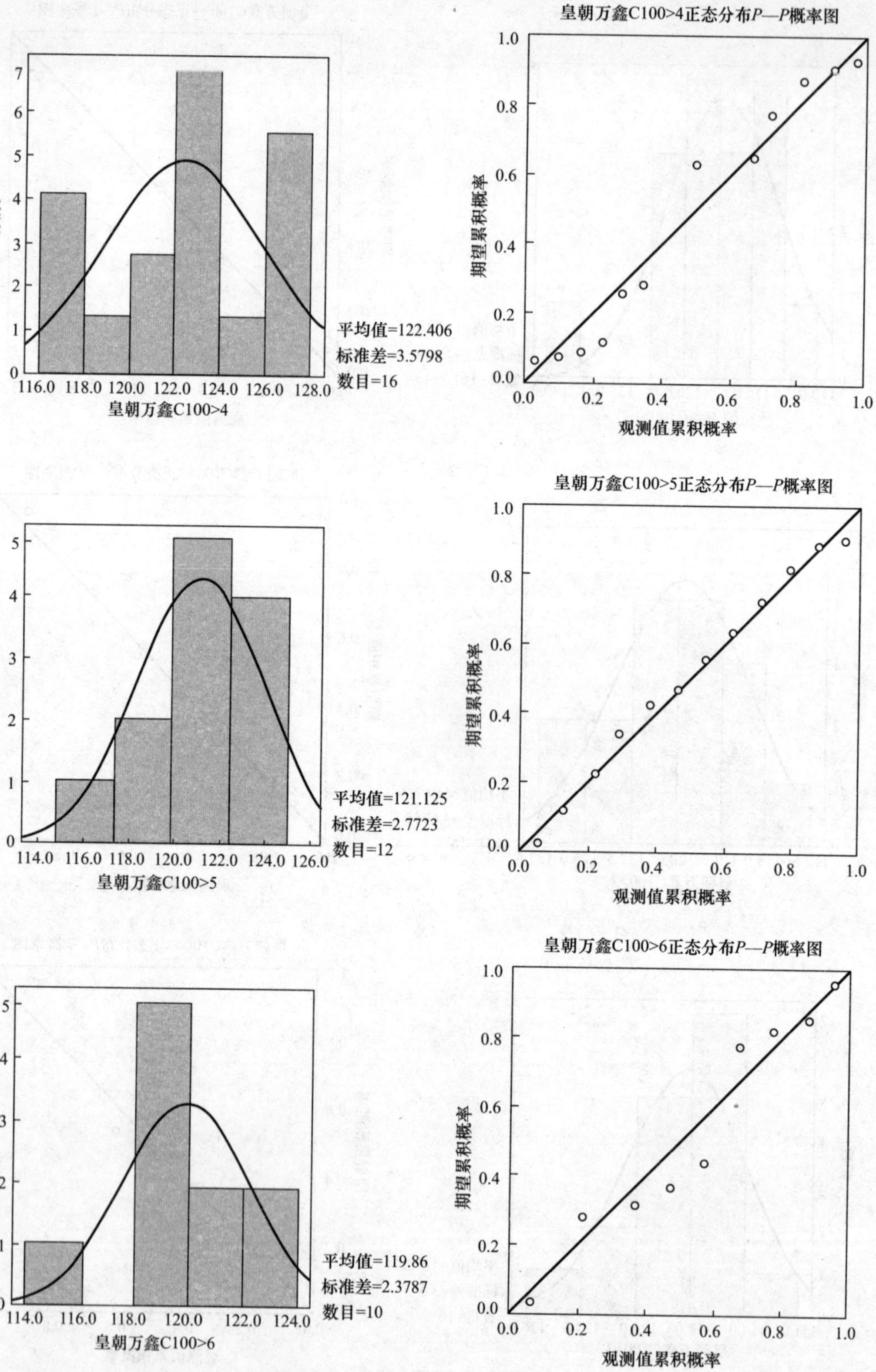

图 3.2　皇朝万鑫 C100 统计直方图和 P—P 概率图（五）

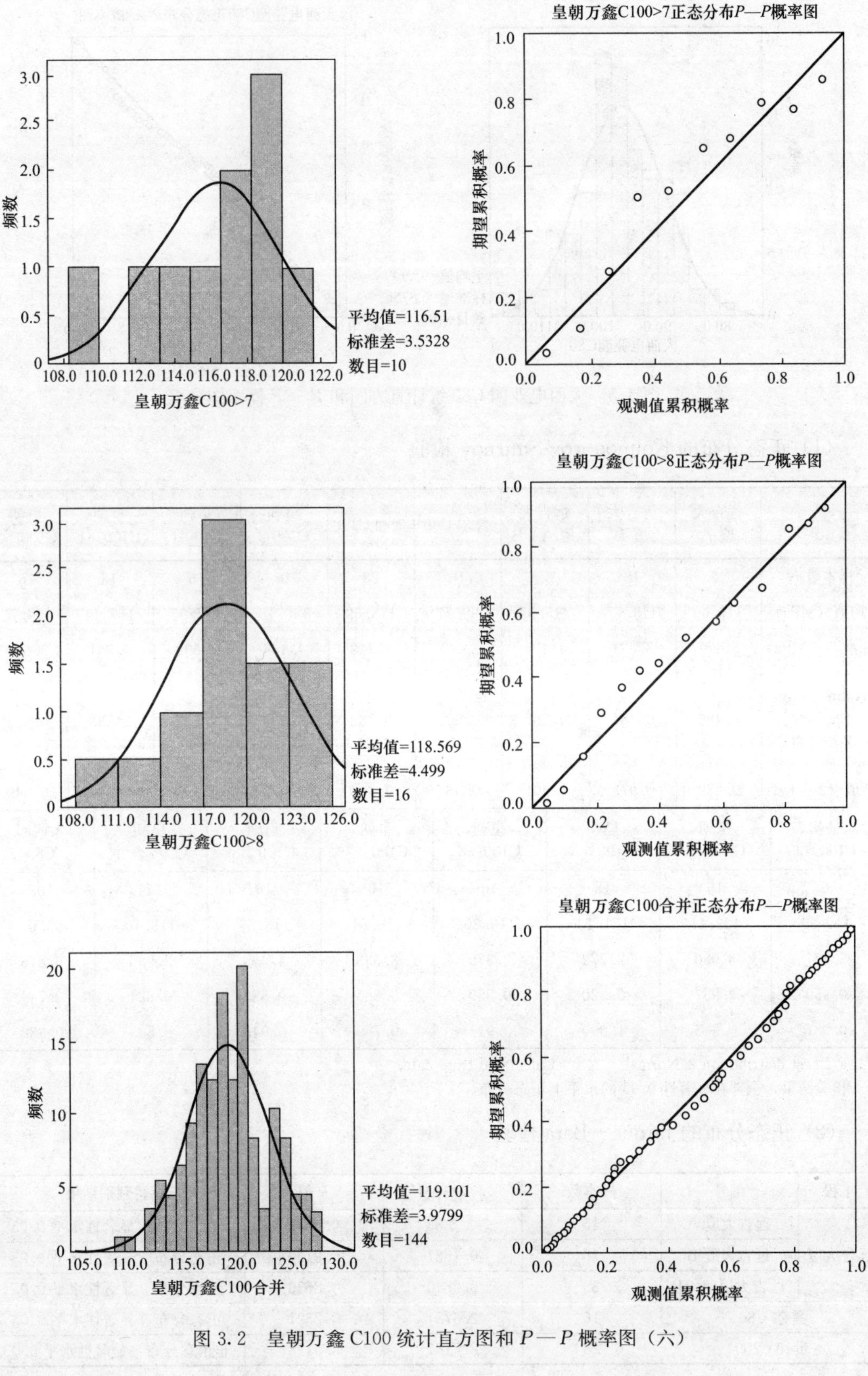

图 3.2 皇朝万鑫 C100 统计直方图和 P—P 概率图（六）

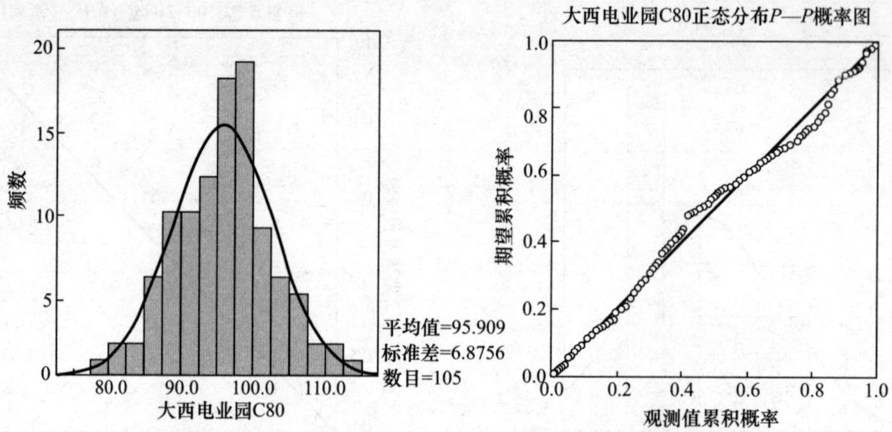

图 3.3 大西电业园 C80 统计直方图和 P—P 概率图

（1）正态分布的 Kolmogorov-Smirnov 检验

	远吉大厦-A	远吉大厦-B	远吉大厦 A+B	鲁尔 C80	贵和 C100	皇朝 C100-2	皇朝 C100-1	皇朝 C100>1	皇朝 C100>2
样本数 N	15	18	33	16	28	16	16	16	16
均值（MPa）	116.09	115.77	115.92	98.77	113.69	120.10	117.95	117.14	119.77
标准差（MPa）	5.177	3.831	4.421	2.982	4.740	4.408	2.892	4.281	3.696
Kolmogorov-Smirnov Z 统计量	0.486	0.484	0.567	0.500	0.768	0.394	0.417	0.538	0.521
P 值（2-tailed）	0.972	0.973	0.905	0.964	0.596	0.998	0.995	0.934	0.949

皇朝 C100>3	皇朝 C100>4	皇朝 C100>5	皇朝 C100>6	皇朝 C100>7	皇朝 C100>8	皇朝 C100 合并	大西园 C80
6	16	12	10	10	16	144	105
117.39	122.41	121.13	119.86	116.51	118.57	119.10	95.91
3.377	3.580	2.772	2.379	3.533	4.499	3.980	6.876
0.450	0.937	0.320	0.559	0.665	0.522	0.621	0.744
0.987	0.343	1.000	0.914	0.769	0.948	0.835	0.638

a Test distribution is Normal.　　b Calculated from data.

检验结果，全部在显著性 0.05 的水平上正态分布。

（2）正态分布的 Jarque—Bera 检验

工程	编号	样本数	χ^2 统计量	P 值	检验判别结果
远吉大厦	远吉大厦 A	15	0.2883	0.8657	正态分布　显著性水平 0.05
	远吉大厦 B	18	0.1821	0.9130	正态分布　显著性水平 0.05
	远吉大厦 A+B	33	0.2840	0.8676	正态分布　显著性水平 0.05
鲁尔 C80		16	2.6781	0.2621	正态分布　显著性水平 0.05
贵和 C100		28	8.7167	0.0128	非正态分布　显著性水平 0.05

续表

工程	编号	样本数	χ^2 统计量	P 值	检验判别结果
皇朝万鑫大厦	负二层	16	0.5126	0.7739	正态分布 显著性水平 0.05
	负一层	16	0.3011	0.8602	正态分布 显著性水平 0.05
	一层柱	16	1.8849	0.3897	正态分布 显著性水平 0.05
	二层柱	16	0.8714	0.6468	正态分布 显著性水平 0.05
	三层柱	16	0.2184	0.8982	正态分布 显著性水平 0.05
	四层柱	16	1.3758	0.5026	正态分布 显著性水平 0.05
	五层柱	12	0.5167	0.7723	正态分布 显著性水平 0.05
	六层柱	10	0.1907	0.9091	正态分布 显著性水平 0.05
	七层柱	10	1.2884	0.5251	正态分布 显著性水平 0.05
	八层柱	16	0.7391	0.6910	正态分布 显著性水平 0.05
皇朝万鑫 C100 级 合并		144	0.3717	0.8304	正态分布 显著性水平 0.05
大西电业园 C80 级		105	0.0444	0.9780	正态分布 显著性水平 0.05

除贵和 C100 级以外，全部在显著性水平为 0.05 上呈正态分布。

(3) 正态分布的 Shapiro—Wilk 检验

工程	编号	样本数	W 统计量	P 值	检验判别结果
远吉大厦	远吉大厦 A	15	0.970	0.815	正态分布 显著性水平 0.05
	远吉大厦 B	18	0.979	0.916	正态分布 显著性水平 0.05
	远吉大厦 A+B	33	0.981	0.846	正态分布 显著性水平 0.05
鲁尔 C80		16	0.921	0.177	正态分布 显著性水平 0.05
贵和 C100		28	0.915	0.0285	非正态分布 显著性水平 0.05
皇朝万鑫大厦	负二层	16	0.979	0.932	正态分布 显著性水平 0.05
	负一层	16	0.985	0.980	正态分布 显著性水平 0.05
	一层柱	16	0.932	0.262	正态分布 显著性水平 0.05
	二层柱	16	0.956	0.565	正态分布 显著性水平 0.05
	三层柱	16	0.981	0.955	正态分布 显著性水平 0.05
	四层柱	16	0.899	0.078	正态分布 显著性水平 0.05
	五层柱	12	0.971	0.878	正态分布 显著性水平 0.05
	六层柱	10	0.949	0.643	正态分布 显著性水平 0.05
	七层柱	10	0.911	0.278	正态分布 显著性水平 0.05
	八层柱	16	0.958	0.598	正态分布 显著性水平 0.05
皇朝万鑫 C100 级 合并		144	0.977	0.276	正态分布 显著性水平 0.05
大西电业园 C80 级		105	0.986	0.807	正态分布 显著性水平 0.05

除贵和 C100 级以外，全部在显著性水平为 0.05 上呈正态分布。

注明：对于样本容量大于 50 的数据，利用人力是很难完成 W 统计量的估计和 P 值计算，但是利用计算机这些就变得方便多了。

综上检验可以看出，高强混凝土强度值也可以看作是服从正态分布的。

第四章　强度数据误差的影响因素讨论

4.1　误差的定义与分类等

在任何试验和测定中，由于仪器、环境、方法、操作者的原因，不可能每次结果都相同，这说明存在误差。严格来讲，误差是指观测值与真值之差，偏差是指观测值与平均值之差，但常将两者混用而不加区别。在有限次的测量中，偏差不等于误差，只有 n 趋于无穷大，偏差=误差。由于真值一般无法得到，在实际运用中，只能用偏差来计算误差。

1. 误差的来源分类

（1）系统误差（恒定误差）

误差偏向一个方向，如果偏大或偏小，且大小不变，就说明存在系统误差，如天平没有校平，砝码偏重或偏轻等，都会产生系统误差。

系统误差在发现后，可以比较容易消除掉。

（2）随机误差（偶然误差）

在相同条件下，多次重复测试同一个量时，出现大小和正负没有明显的规律的误差，这就是随机误差。它是由许多难以控制的微小因素造成的。如原材料性能的正常波动，试验条件的微小变化等。随机误差是无法消除的，只能加强控制使其减小，并应用数理统计方法，尽量降低其影响程度。

（3）过失误差

过失误差包括测错、读错，或记错等。有过失误差的数据不应采用。

在进行误差分析时，通常只考虑系统误差和随机误差，主要是随机误差。

2. 真值与估计值

通常，一个物理量的真值是不可知的。这是由于仪器、环境、方法、人员等都不可能完美无缺，故真值无法准确测得。但可以这样定义试验和测定的真值：在无系统误差的情况下，测定次数无限多时，求得的平均值。因为平均以后，正负误差互相抵消。

有限次数求得的平均值，不是真值，只是真值的估计值。所以，混凝土试件强度只是实际真实强度的近似估计值，混凝土的实际真实强度是不可知的。

3. 误差的表示方法

（1）绝对误差与相对误差

观测值 x 平均值 $\bar{x}$ 之差称为绝对误差，以 Δ 代表，见下式（4.1）：

$$\Delta = x - \bar{x} \tag{4.1}$$

绝对误差 Δ 除以平均值 $\bar{x}$ 为相对误差，以 p 代表，见下式（4.2）：

$$p = \Delta / \bar{x} \tag{4.2}$$

（2）算术平均差

算术平均差 $\bar{\Delta}$ 是将测得的全部绝对误差的绝对值之和除以测定次数 n，见下式（4.3）：

$$\bar{\Delta} = \frac{|\Delta_1| + |\Delta_2| + \cdots + |\Delta_n|}{n} \tag{4.3}$$

因为绝对误差有正有负，不采用绝对值，正负误差就会相互抵消，随着测定次数增多，当不存在系统误差时，算术平均误差 $\bar{\Delta}$ 将趋近于 0。

由于采用绝对值，计算不便，算术平均误差很少采用，实际都采用标准误差。

(3) 标准误差

标准误差就是标准差。有限测定次数的误差的标准误差（标准差）S 按下式（4.4）计算：

$$S = \sqrt{\frac{[(x_1 - \bar{x})^2 + (x_2 - \bar{x})^2 + \cdots + (x_n - \bar{x})^2]}{n-1}} \tag{4.4}$$

由于将绝对误差平方后消除了负值，再开方后只取正值，运算方便，标准差被普遍采用。

上式（4.4）中根号中的分母为 $n-1$，而不是 n，原因是 $\bar{x} \neq \mu$，$\bar{x}$ 只是 μ 的近似值；而且所得的 S 才是随机变量标准差 σ 的无偏估计值。

(4) 变异系数

有限观测值的变异系数 V 是由标准差 S 和平均值 $\bar{x}$ 两者的误差共同组成，故变异系数 V 的误差大于标准差 S 的误差。所以应优先采用标准差 S，不仅直接简便，而且误差要小一些。

(5) 极差

观测值的最大值 x_{max} 和最小值 x_{min} 之差，称为极差，以 R 代表，见下式（4.5）：

$$R = x_{max} - x_{min} \tag{4.5}$$

极差亦可用来评定测定误差大小。极差越大，表明测定误差越大。但是极差是随观测次数增多而增大的，所以要考虑观测次数的影响。

极差 R 与标准差 S 也有一定的相关关系，见下式（4.6）：

$$R = d_2 S \tag{4.6}$$

式（4.6）中 d_2 为系数，与测定次数 n 有关，列于表 4.1。

不同 n 时的系数 d_2 **表 4.1**

n	2	3	4	5	6	7	8	9
d_2	1.128	1.693	2.059	2.326	2.534	2.704	2.847	2.970
n	10	15	20	25	30	35	40	50
d_2	3.078	3.472	3.735	3.931	4.085	4.213	4.322	4.498

用极差推算标准差，计算比较方便，但其效果不及用定义式来计算。特别当 n 大于 5 时，因为只利用了最大值和最小值，中间的观测值都没有利用，所以一般 n 在 10 以上时，就不宜采用。

由表 4.1 看出，随着观测次数 n 的增多，系数 d_2 不断增大，表明极差 R 随着 n 增大而增大。也就是说，最大值 x_{max} 随 n 增大而增大，最小值 x_{min} 随 n 增大而减小。说明不考虑观测次数，仅用极差大小来评定误差大小是不符合统计规律的。

4. 误差的分布

误差大多成正态分布。当不存在系统误差时，误差分布的平均值为 0。当存在系统误差时，误差分布的平均值不等于0，但仍成正态分布。

5. 误差的传递

有些物理量不能直接量测得，但可通过能直接量测的物理量，按一定的相关公式间接地计算得。相应地，也可由直接量测物理量的误差，计算得间接量测物理量的误差。这就是误差的传递。

当$u=f(x, y, z, \cdots)$时，则误差传递中标准差的一般公式，见下式（4.7）：

$$\sigma_{\mathrm{u}}=\sqrt{\left(\frac{\partial u}{\partial x}\right)^2\sigma_{\mathrm{x}}^2+\left(\frac{\partial u}{\partial y}\right)^2\sigma_{\mathrm{y}}^2+\left(\frac{\partial u}{\partial z}\right)^2\sigma_{\mathrm{z}}^2+\cdots} \tag{4.7}$$

式中　u——不能直接量测的物理量；

σ_{u}——不能直接量测的物理量的标准差；

$x, y, z, \cdots$——能直接量测的物理量；

$\sigma_{\mathrm{x}}, \sigma_{\mathrm{y}}, \sigma_{\mathrm{z}}\cdots$——能直接量测的物理量的标准差。

（1）和、差的标准差

设$u=x\pm y$，按式（1-29）就可得和或差的方差，见下式（4.8）：

$$\sigma_{\mathrm{u}}^2=\sigma_{\mathrm{x\pm y}}^2=\left(\frac{\partial u}{\partial x}\right)^2\sigma_{\mathrm{x}}^2+\left(\frac{\partial u}{\partial y}\right)^2\sigma_{\mathrm{y}}^2=1^2\sigma_{\mathrm{x}}^2+(\pm 1)^2\sigma_{\mathrm{y}}^2=\sigma_{\mathrm{x}}^2+\sigma_{\mathrm{y}}^2 \tag{4.8}$$

于是得和或差的标准差，见下式（4.9）：

$$\sigma_{\mathrm{u}}=\sigma_{\mathrm{x\pm y}}=\sqrt{\sigma_{\mathrm{x}}^2+\sigma_{\mathrm{y}}^2} \tag{4.9}$$

以上式（4.8）和（4.9）推算结果表明，两变量之和或之差，为两变量的方差之和；两变量之和或之差的标准差为两变量的方差之和的开方根。

（2）积的标准差

当$u=xy$，就可得积的方差，见下式（4.10）：

$$\sigma_{\mathrm{u}}^2=\sigma_{\mathrm{xy}}^2=\left(\frac{\partial u}{\partial x}\right)^2\sigma_{\mathrm{x}}^2+\left(\frac{\partial u}{\partial y}\right)^2\sigma_{\mathrm{y}}^2=y^2\sigma_{\mathrm{x}}^2+x^2\sigma_{\mathrm{y}}^2 \tag{4.10}$$

于是得积的标准差，见下式（4.11）：

$$\sigma_{\mathrm{u}}=\sigma_{\mathrm{xy}}=\sqrt{y^2\sigma_{\mathrm{x}}^2+x^2\sigma_{\mathrm{y}}^2} \tag{4.11}$$

（3）商的标准差

取$u=x/y$，就可得商的方差，见下式（4.12）：

$$\sigma_{\mathrm{u}}^2=\sigma_{\mathrm{x/y}}^2=\left(\frac{\partial u}{\partial x}\right)^2\sigma_{\mathrm{x}}^2+\left(\frac{\partial u}{\partial y}\right)^2\sigma_{\mathrm{y}}^2=\left(\frac{1}{y}\right)^2\sigma_{\mathrm{x}}^2+\left(-\frac{x}{y^2}\right)^2\sigma_{\mathrm{y}}^2 \tag{4.12}$$

由于$\sigma_{\mathrm{x}}/x=Cv_{\mathrm{x}}$，$\sigma_{\mathrm{y}}/y=Cv_{\mathrm{y}}$，由上式（4.12）得下式（4.13）：

$$\sigma_{\mathrm{u}}^2=(x/y)^2(Cv_{\mathrm{x}}^2+Cv_{\mathrm{y}}^2) \tag{4.13}$$

于是得商的标准差，见下式（4.14）：

$$\sigma_{\mathrm{u}}=\sigma_{\mathrm{x/y}}=(x/y)\sqrt{Cv_{\mathrm{x}}^2+Cv_{\mathrm{y}}^2} \tag{4.14}$$

4.2　不确定度、准确度和精（密）度辨析

在计量报告、测试报告及仪器仪表的性能说明中，经常出现不确定度、准确度和精度三个名词，许多人对这些常用的计量测试用语含义不清，出现混用、错用的现象。例如，

说“准确度小于 0.5℃”，就让人很难捉摸，究竟是误差大于 0.5℃呢？还是误差小于 0.5℃？所以，搞清这些科学用语，了解它们的本质含义、区别和联系，对从事科研工作、特别是从事计量测试的科研人员来说具有现实意义。

不确定度、准确度在《Guide to the Expression of Uncertainty in Measurement》及 JJF 1001—1998《通用计量术语及定义》中有明确的定义，而精度只在误差测量理论中才出现，在计量、测试领域已不提倡使用该名词。

1. 不确定度

不确定度的定义为：与测量结果相关联的参数，表征合理地赋予被测量值的分散性。它可以是标准偏差（或其倍数），也可以是说明了置信水平的区间半宽度，经常用标准不确定度、合成不确定度和扩展不确定度来表示。

在计量测试报告中，不确定度经常以扩展不确定度给出。所谓扩展不确定度是“确定测量结果区间的量，合理赋予被测量之值分布的大部分可望含于此”。合成标准不确定度乘以一个包含因子 K 就得到扩展不确定度。大多数情况下，被测量的可能值的分布认为是正态的，有效自由度也可估计为足够大，$K=2$，可确定一个置信概率为 95%的区间，$K=3$，则确定了一个置信概率近似为 99%的区间。说到这里，还要提一下在数理统计中经常用到“3σ 规则”，因为在标准中涉及一组三个数据的处理问题。

见图 4.1，对于正态随机变量来说，它的值落在区间 $[u-3\sigma, u+3\sigma]$ 内几乎是肯定的事情，这就是所谓的“3σ 规则”。同时从该图，我们还可以看出 $[u-2\sigma, u+2\sigma]$ 的置信概率为 95.44%，$[u-\sigma, u+\sigma]$ 的置信概率为 68.26%。

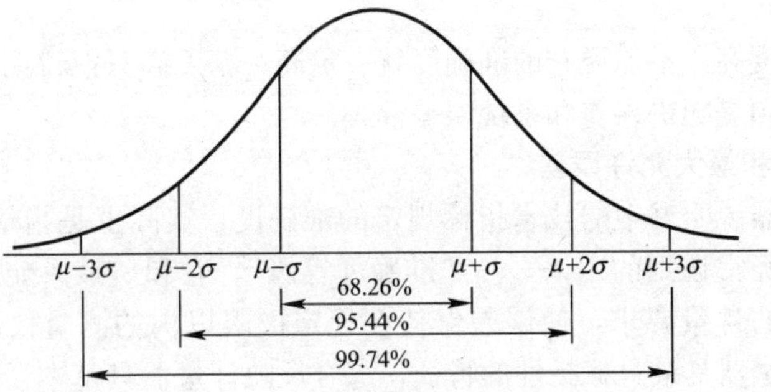

图 4.1　正态分布的不同置信区间表示

2. 准确度

准确度的定义为：测量结果与被测量真值的一致程度。真值在实际测量中较难得到，故准确度只是个定性概念，所谓定性意味着可以用准确度高低、准确度为 0.25 级、准确度为 3 等及准确度符合××标准等说法定性表示。在实际应用中，尽量不要使用准确度为 0.25%，16mg，≤16mg 及±5mg 等方式表示。

在检定中，不能说“准确度为±0.1%”，只能说“准确度等级为 0.1 级或准确度高、低”等。准确度是一个定性概念，只能对测量结果表达为“高”、“低”，若要用值来定量表示应采用测量不确定度的概念。例如，应该说：

甲仪器测量准确度低，其相对扩展不确定度为 1%；

乙仪器测量准确度高，其相对扩展不确定度为 0.1%。

而不能说：

甲仪器的测量准确度为1%；

乙仪器的测量准确度为0.1%。

3. 准确度和精密度

准确度和精密度是不同的。准确度是评价测定结果与真值的误差大小，误差越小，准确度越高；精密度则是评价测定结果与测定平均值的偏差大小，偏差越小，精密度越高。所以准确度是反映测量结果中系统误差和随机误差的综合表示，精密度反映随机误差。准确度和精密度可以用三种打靶结果加以比喻，见图4.2。

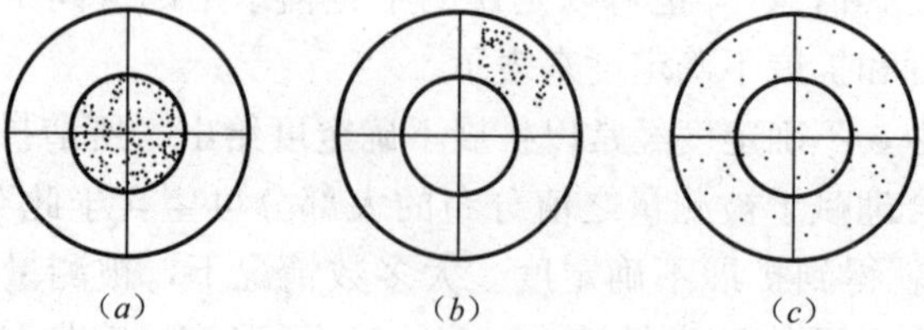

图4.2　准确度和精密度的比喻图

图4.2（*a*）的弹孔密集分布在靶心周围，表明精密度和准确度都很高，也就是随机误差和系统误差都很小。图4.2（*b*）的弹孔很密集，表明精密度很高，但偏离靶心较远，准确度差，也就是表明随机误差较小，而系统误差较大。图4.2（*c*）的弹孔较分散，但都在靶心周围，表明精密度较差，而准确度较高，亦即随机误差较大，系统误差较小。

一个仪器的精度高，不能说它的准确度就一定高，精度高只能说明其测量的随机误差小，但准确度高必须是随机误差和系统误差都小。

4. 准确度等级和最大允许误差

一些标准、仪器说明书中的技术指标规定的准确度，实际上是指最大允许误差范围，因此应该说明一个经常遇到的术语——“准确度等级”，它和“最大允许误差”类似，被定义为“符合一定的计量要求，使误差保持在规定极限以内的测量仪器的等别、级别”。准确度等级也是计量器具最具概括性的特征，综合反映计量器具基本误差和附加误差的极限值以及其他影响测量准确度的特性值。准确度等级通常按约定注以数字或符号并称为等级指标。仪表的准确度级别，就是根据它允许的最大引用误差来划分的。在计量检定中最大引用误差不得超过仪表技术规范、规程等对给定测量仪器所允许的误差极限值，即最大允许误差，否则该仪器就不合格。

5. 不确定度与准确度和精密度的差别

准确度或精度是与测量误差相关联的，表示的是测量结果与真值的偏离量，在数轴上表示为一个点。测量不确定度表示被测量之间的分散性，它是以分布区间的半宽度来表示的，因此在数轴上是一个区间。

测量结果的不确定度表示在重复性或复现性条件下被测量之值的分散性，其大小只与测量方法有关，及测量原理、测量仪器、环境条件、测量程序、操作人员以及数据处理方法等有关，而准确度或精确度是与测量误差相关，而误差仅与测量结果及真值有关，而与测量方法无关。

4.3 混凝土的立方体抗压强度

在混凝土的所有强度性能中，抗压强度是最受人们关注的性能。其原因在于：混凝土抗压强度比其他诸如抗拉强度等要大许多；在结构设计中，常常用混凝土抗压强度作为主要的技术参数；抗压强度与其他许多性能存在一定的相关性；抗压强度试验比较简单，试验成本较低。

混凝土抗压强度主要可分为立方体试件抗压强度与棱柱体试件轴心抗压强度。通常所说的抗压强度是指立方体试件抗压强度。

根据《普通混凝土力学试验方法标准》GB/T 50081，混凝土立方体抗压强度采用边长为150mm的立方体试件，在温度20±2℃，相对湿度>95%的标准养护室中养护至28d龄期，在一定条件下加压破坏，以试件单位面积所承受的压力作为混凝土抗压强度。以此为根据，将混凝土划分为不同的强度等级。

试件从养护室中取出后应及时进行试验，试验前应将试件表面与上下承压板面清理干净。

试验机测量精度应为±1%。所选量程应能使试件的预期破坏载荷值位于全量程的20%～80%之间。当试件强度等级大于C60时，试件周围还应增设防崩裂网罩，以防试件碎片崩裂飞出伤人。

抗压试验时，应将试件安放在试验机的下压板或垫板上，试件的承压面应与成型时的顶面垂直。试件的中心与试验机下压板中心对准，开动试验机，当上压板与试件或钢垫板接近时，调整球座，使接触均衡。

在试验过程中应连续均匀的加荷，混凝土强度等级<C30时，加荷速度取每秒钟0.3～0.5MPa；混凝土强度等级≥C30且<C60时，取每秒钟0.5～0.8MPa；混凝土强度等级≥C60时，取每秒钟0.8～1.0MPa。

当试件接近破坏开始急剧变形时，应停止调整试验机油门，直至破坏。然后记录破坏载荷。

混凝土立方体抗压强度可采用公式（4.15）计算：

$$f_{cc}=\frac{F}{A} \tag{4.15}$$

式中：

f_{cc}——混凝土立方体试件抗压强度（MPa），精确至0.1MPa；

F——试件破坏载荷（N）；

A——试件承压面积（mm^2）。

混凝土抗压强度值的确定还应符合以下规定：

（1）三个试件测值的算术平均值作为该组试件的强度值（精确至0.1MPa）；

（2）三个测值中的最大值或最小值中如有一个与中间值的差值超过中间值的15%时，则把最大值及最小值一并舍除，取中间值作为该组试件的抗压强度值；

（3）如果最大值和最小值与中间值的差值均超过中间值的15%，则该组试件的试验结果无效；

采用非标准试件时，应将非标准试件抗压强度乘以尺寸换算系数，换算成标准试件的抗压强度值。当混凝土强度等级小于 C60 时，对于边长 200mm 的立方体试件，其换算系数为 1.05，对于边长 100mm 的立方体试件，其换算系数为 0.95。当混凝土强度等级大于 C60 时，宜采用标准试件，当使用非标准试件时，其换算系数应由试验确定。

混凝土的取样，试件制作、养护和试验：

对混凝土强度进行抽样检验，首先必须确定其验收批。《混凝土强度检验评定标准》GBJ 107—87 规定，混凝土强度应分批进行检验评定。一个验收批的混凝土应由强度等级相同、龄期相同以及生产工艺条件和配合比基本相同的混凝土组成。对施工现场的现浇混凝土，应按单位工程的验收项目划分验收批，每个验收项目应按照现行国家标准《建筑工程施工质量验收统一标准》GB 50300—2001 和《混凝土结构工程施工质量验收规范》GB 50204—2002 确定。

对混凝土强度进行抽样检验时，为使抽取的混凝土试样具有代表性，应坚持混凝土取样的随机性。对于混凝土生产企业来说，混凝土就是其产品，当然应对其产品质量负责，在混凝土出厂前应按相关规定进行质量检验，并向混凝土使用单位提供产品质量合格证书。在混凝土运输过程中，往往会发生离析等现象，或在二次搅拌中增加用水量往往会导致混凝土产品质量波动，因此，到达浇筑地点后，混凝土使用单位还应在混凝土浇筑地点抽取样品进行检验。

应用统计方法对混凝土强度进行检验评定时，取样频率是保证预期检验效率的重要因素。国家标准规定，混凝土试样应在混凝土浇筑地点随机抽取，每 100 盘且不超过 $100m^3$ 的同配合比的混凝土，取样次数不得少于一次；每一工作班拌制的同配合比混凝土不足 100 盘时，其取样次数不得少于一次。

每组的 3 个试件应在同一盘混凝土中取样制作。其强度代表值的确定，应符合下列规定：

（1）取 3 个试件强度的算术平均值作为每组试件的强度代表值；

（2）当一组试件中强度最大值或最小值与中间值之差超过中间值 15％时，取中间值作为该组试件的强度代表值；

（3）当一组时间中强度的最大值和最小值与中间值之差均超过中间值 15％时，该组试件的强度不应作为评定的依据。

每批混凝土试样的总组数，除应考虑混凝土强度评定所必须的组数外，还应考虑为检验结构或构建施工阶段混凝土强度所必须的试件组数。

检验评定混凝土强度用的混凝土试件，其成型方法、养护条件及强度试验方法均应符合现行国家标准《普通混凝土力学性能试验方法标准》GB/T 50081—2002 的规定。

当检验结构或构件拆模、出池、出厂、吊装、预应力筋张拉和放张，以及施工期间需短暂负荷的混凝土强度时，其试件的成型方法和养护条件应与施工中采用的成型方法和养护条件相同。

4.4 强度数据误差影响因素讨论

这里仅讨论在正常操作和管理的前提下，影响混凝土强度数据的仪器设备方面的因素。如：混凝土试模、混凝土试验用振动台、混凝土标准养护箱（室）、压力试验机等。

1. 混凝土试模

——《混凝土试模》JG 237—2008

➢ 试模内表面和上口面粗糙度 R_a 不大于 3.2μm。

➢ 试模内部尺寸误差不应大于公称尺寸的 0.2%，且不大于 1mm。

➢ 立方体和棱柱体试模相邻侧面之间夹角为直角，误差不大于 0.2。圆柱体试模底板与圆柱体轴线夹角为直角，误差不大于 0.2°。

➢ 立方体和棱柱体试模内表面的平面度、定位面的平面度误差，每 100mm 不应大于 0.04mm。

……

2. 混凝土试验用振动台

——《混凝土试验用振动台》JG 243—2009

➢ 台面中心的垂直振幅为 0.5mm±0.02mm。

➢ 台面不均匀度不大于 10%。

➢ 满载和空载台面中心的振幅比大于 0.7。

➢ 试模固定方式，保证在振动成型中无松动、滑移和损伤。

……

3. 混凝土标准养护箱（室）

——《混凝土标准养护箱》JG 238—2008

➢ 箱（室）内温度在 20℃±2℃，具备自动控制功能，在养护箱外应有温度记录仪及故障提示装置。记录仪至少每隔 30min 记录一次，测量误差应不大于 0.5℃。

➢ 相对湿度应大于 95%，且应为雾室。具备自动控制相对湿度的功能。试件表面应呈潮湿状态，不得受水滴或被水冲淋。

➢ 保温隔热密封门应具有良好的密封性能。

……

4. 压力试验机

——《混凝土压力试验机》JG 243—2009

➢ 除应符合《液压式压力试验机》GB/T 3722 及《试验机通用技术要求》GB/T 2611 技术要求外，其测量精度为±1%，试件破坏荷载大于压力机全量程的 20%，且小于压力机全量程的 80%；

➢ 应具有加荷速度指示装置或加荷速度控制装置，并应能均匀、连续地加荷；

➢ 应具有有效期内的计算检定证书。

……

按规范要求，对预拌混凝土搅拌站和工地现场分别留样进行强度试验，并以工地取样试件的试验结果为准，工地现场取样成型后养护至 28d，送有资质的检测室进行破型试验，试验结果作为混凝土强度的验收依据。

由于施工现场的条件限制，绝大多数工地不具备标准养护条件，只有在试件拆模后进行泡水、洒水、甚至自然养护，养护的温度和湿度都得不到保证，且这样的做法过于普遍，最后评定混凝土强度时又无法舍弃这样的试件强度。下面一节，我们通过大量现场照片来了解一下我们目前的混凝土标准养护室（箱）现状。

4.5　混凝土标准养护室现状

某某省建设厅曾组织建管处、科技处、省质检站、某某市质检站委派代表组成检查组，对某某、某某、某某三市有一定规模的建筑工地、建筑公司、工程质量检测中心站、混凝土搅拌站等十六个单位的混凝土试件标准养护条件进行了专项随机抽检，对养护主管人员的混凝土试件标准养护知识进行了口头询问，检查结果归纳整理如下：

1. 基本无标准养护条件

（1）有的工地根本就无混凝土养护室，有的大都与工具房、材料库、杂物间混杂一起，且大都为简易的工棚式建筑，无温湿度自控设备，四面透风，根本起不到养护作用。

（2）室内有的有养护池，有的没有。有水池的池内无水或水不多，且都是冷水，没有一家是20±2℃的Ca(OH)2饱和溶液。

（3）仅有两家有像样的养护室，有温湿度调控设备，但只有一家的温度达标，湿度均不达标，同时试件的摆放达不到标准。

（4）混凝土试件存在的问题有：

① 试件尺寸不标准，少数单位不按标准制作试件。

② 试件编号不规范：无编号、无取样部位、无养护日期……

2. 负责混凝土试件标准养护条件的专管人员素质亟待提高

80%的专管人员不知道现行的混凝土试件标准养护条件，余下的20%的专管人员知道有此要求，但对具体数据亦不清楚。

3. 混凝土试件标准养护设施现状不容乐观

除上述存在的问题外，以下现象也不容忽视。

（1）不密封，所有简易养护室的门和窗都达不到保温要求；

（2）温湿度计都没有经过计量，很不规范；

（3）简易养护室不规范：

① 大小不均，最小的$2m^2$，最大的$18m^2$；

② 墙的厚度不均，有18的墙，有24的墙；

③ 养护室房顶不统一，大部分用石棉瓦作养护室屋顶；

④ 有的只有大半节门。

4. 检查结果

（1）比较好的或者说基本达到标准养护条件的养护室检测结果如下：

养护室平均温度为20.2℃；

养护室相对湿度为91.5%；

试件摆放：三个试件重叠放在支架上，试件间不能保证10～20mm的有效间隔，达不到标准要求。

严格评议：混凝土试件标准养护仍不合格。

（2）工程质量检测中心站标准养护条件的检测结果如下：

养护室温度为15.7℃，养护相对湿度为72.5%；养护池养护温度：13.8℃，养护相对湿度 63.3%。

(3) 其他养护室检查结果为：

养护温度 7°～15℃之间；

养护相对湿度 60%～80%之间。

举例来说：

① 试件养护大棚石棉瓦屋顶，冬冷夏暴晒，四面通风，不具备养护条件，温湿度不达标。

② 住人试件养护室，挂窗帘，不密封，不具备试件养护条件，温湿度不可能达标。

③ 试件、混凝土搅拌机、工具、铁桶混放养护，其中一块试件编号。没有试件养护意识。

④ 砖砌养护室，有试件养护意识，温湿度难控制，室内各点温差大，试件放置不规范，难于对试件进行六面养护。

⑤ 室外水中养护试件无编号，无日期，冬冷夏热都在水池中，达不到标准养护条件。

⑥ 标准试件所处的环境。无编号和日期。

⑦ 钢筋大棚内业可以养护吗？试件上无编号和日期。

⑧ 这也是标准养护现场，谁能说清这是标准养护，还是现场养护？

⑨ 高层建筑旁的养护现状，这是正在养护中的混凝土试件。

⑩ 需要养护的试件放在挡砂墙上。

⑪ 试件堆放整齐就是不进养护池，还可以当餐桌。养护池内空空如也。

⑫ 石棉瓦的养护顶棚四面透风，门底 1 寸的缝隙。

⑬ 竹夹板充当养护水池的顶盖，试块无日期，编号（室外）。

⑭ 破烂石棉瓦屋顶的洗浴和标准养护多功能室。

以下是 11 个工地混凝土试件标准养护条件检查报告和记录。

工地 1：

平均温度：7.5℃

平均相对湿度：71.7%

检查情况描述：

① 是杂物间，不是混凝土试件标准养护室；

② 养护池中无水；

③ 温湿度达不到要求，相关人员不了解标准要求；

④ 没有自动控制设施；

⑤ 没有准确的温湿度检测仪。

结论：不具备混凝土试件标准养护条件。

工地 2：

平均温度：8.5℃

平均相对湿度：72%

检查情况描述：

① 室内杂乱无序，不像养护室，像库房；

② 竹片和塑料布屋顶不能保温，还有火灾隐患；
③ 养护室位置不合理、不安全；
④ 实测温湿度不合格；
⑤ 无自动控制温湿度设施。
结论：不具备混凝土试件标准养护条件。
工地 3：
平均温度：8℃
平均相对湿度：72％
检查情况描述：
① 室内挂满了衣服，工作帽、洗脚桶等；
② 竹板门，比门框低 3cm；
③ 右墙壁上有 200mm×200mm 的通气孔；
④ 实测温湿度均不能达到标准养护的要求；
⑤ 温湿度不能自动控制；
⑥ 无标准养护意识。
结论：不具备混凝土试件标准养护条件。
工地 4：
平均温度：15.7℃
平均相对湿度：72.5％
检查情况描述：

① 自动控制失灵，显示温度在 23～40℃之间变化；

② 养护池未用饱和石灰水，而是清水；

③ 实测温湿度均不能达到标准养护的要求。

结论：不具备混凝土试件标准养护条件。

工地 5：

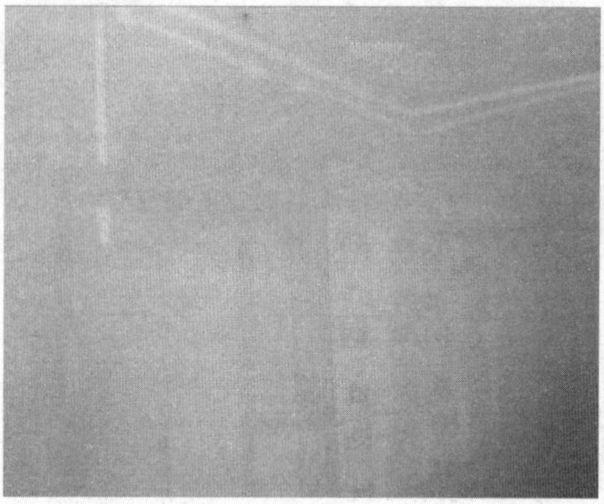

平均温度：20.1℃

平均相对湿度：91%

结论：本次检查中养护条件最好的一家，经测试湿度仍不合格。

工地 6：

平均温度：10.5℃

平均相对湿度：79%

检查情况描述：

① 石棉瓦屋顶，保温不好；

② 养护池未用饱和石灰水，而是清水；

③ 不能自动控制温湿度；

④ 有火灾隐患，位置距离脚手架太近；

④ 实测温湿度均不能达到标准养护的要求。

结论：不具备混凝土试件标准养护条件。

工地 7：

平均温度：10.1℃

平均相对湿度：71%

检查情况描述：

① 石棉瓦屋顶，保温隔热达不到要求；

② 养护池未用饱和石灰水，而是清水；

③ 不能自动控制温湿度；

④ 实测温湿度均不能达到标准养护的要求。

结论：不具备混凝土试件标准养护条件。

工地 8：

平均温度：10.8℃

平均相对湿度：74%

检查情况描述：

① 石棉瓦屋顶，保温不好；

② 养护池无水；

③ 不能自动控制温湿度；

④ 实测温湿度均不能达到标准养护的要求。

结论：不具备混凝土试件标准养护条件。

工地 9：

平均温度：12℃

平均相对湿度：72％

检查情况描述：

① 石棉瓦屋顶，保温不好；

② 养护池未用饱和石灰水，而是清水；

③ 不能自动控制温湿度；

④ 有火灾隐患，位置距离脚手架太近；

⑤ 实测温湿度均不能达到标准养护的要求。

结论：不具备混凝土试件标准养护条件。

工地 10：

平均温度：12℃

平均相对湿度：72％

检查情况描述：

① 唯一一家有露天养护设施的单位；

② 室内、室外养护温湿度都不合格。

结论：不具备混凝土试件标准养护条件。

工地 11：

平均温度：13.7℃

平均相对湿度：79％

检查情况描述：

① 实测温湿度不合格；

② 不能自动控制温湿度。

结论：不具备混凝土试件标准养护条件。

第五章　修订方案的原则、讨论和计算

5.1　原标准的介绍和说明

GBJ 107—87 混凝土强度的检验评定方法　　　　**表 5.1**

评定方法	均值要求	最小值要求
已知 σ 的统计评定方法 “σ” 法	$m_{f_{cu}} \geqslant f_{cu,k}+0.7\sigma_0$	$f_{cu,min} \geqslant f_{cu,k}-0.7\sigma_0$ $f_{cu,min} \geqslant 0.85 f_{cu,k}$ $f_{cu,min} \geqslant 0.90 f_{cu,k}$
未知 σ 的统计评定方法 “S” 法	$m_{f_{cu}}-\lambda_1 S_{f_{cu}} \geqslant 0.9 f_{cu,k}$	$f_{cu,min} \geqslant \lambda_2 f_{cu,k}$
非统计方法	$m_{f_{cu}} \geqslant 1.15 f_{cu,k}$	$f_{cu,min} \geqslant 0.95 f_{cu,k}$

表 5.1 中：

$f_{cu,k}$：与强度等级相同的强度标准值；

$m_{f_{cu}}$：抽检样本的混凝土试件立方体抗压强度平均值（“组”为基本单位）；

σ_0：验收批混凝土强度已知标准差；

$S_{f_{cu}}$：n 组试件强度标准差；

$f_{cu,min}$：n 组试件强度最小值；

λ_1，λ_2：“S”统计方法的混凝土强度合格判定系数。

对于标准差已知的“σ”统计评定法：给定生产方风险 $\alpha=0.05$，使用方风险 $\beta=0.10$，可接收的质量水平 $AQL=f_{cu,k}+1.645\sigma_0$，极限质量水平 $LQ=f_{cu,k}$，如图 5.1 所示。计算得到 $n=3.1653$，$k=f_{cu,k}+0.7203\sigma_0$，由于 n 只能为整数，$n=3$，k 取近似值 $k=f_{cu,k}+0.70\sigma_0$。该均值判定条件使得 $\alpha=0.051$，$\beta=0.113$。设定可接收质量水平为 95%，不同极限质量水平对应的标准差已知方案的 n 和 λ_1 的理论计算结果如表 5.2 所示。

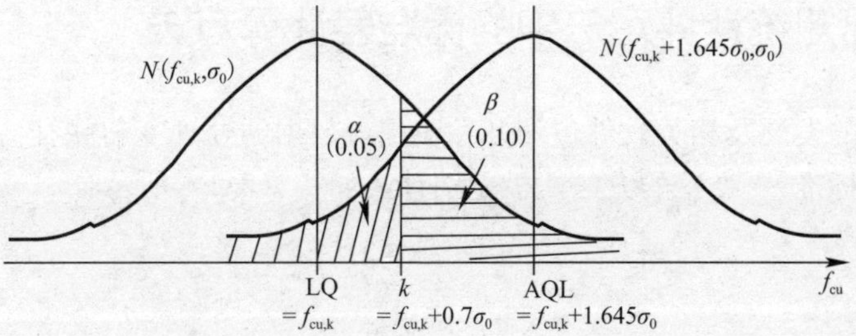

图 5.1　两种错误风险及 AQL、LQ 值示意图

标准差已知方案的 n 和 λ_1 的理论计算结果（AQL＝f_{cuk}＋1.645S）　　表 5.2

极限质量水平（LQ）保证率	设定 α=0.05，β=0.05		设定 α=0.05，β=0.10	
	n	λ_1	n	λ_1
50%	4	0.8224	3.1653	0.7203
55%	4.6891	0.8853	3.7106	0.7910
60%	5.5891	0.9491	4.4228	0.8627
65%	6.8217	1.0151	5.3982	0.9369
70%	8.6204	1.0846	6.8215	1.0151
75%	11.4933	1.1597	9.0947	1.0994
80%	16.7738	1.2432	13.2735	1.1934
85%	29.2353	1.3406	23.1346	1.3029

标养试件强度检验的标准差已知的统计方法，是当混凝土的生产条件在较长时间内保持一致，且同一品种混凝土的强度变异性能保持稳定，并有可能在较长时间内通过质量管理能维持基本相同的生产条件，即维持原材料、设备、工艺以及人员装备的稳定性，即使有变化，也能通过调整很快恢复正常，此时可以连续抽取三组试件采用标准差已知的统计方法来评定混凝土强度。

对于标准差未知的"S"统计评定法：当混凝土的生产条件在较长时间内不能保持一致，且混凝土强度变异性不能保持稳定时，或在前一个检验期内同一品种的混凝土没有足够的数据用以确定验收批混凝土强度标准差时，应由不少于 10 组的试件组成一个验收批。此时，生产连续性较差，难以维持基本相同的生产条件，或生产周期较短，前一时期没有足够多的同类混凝土强度数据可以事先计算出标准差，但该批混凝土的取样数量已不少于 10 组，即已有足够数量的强度数据可供统计计算混凝土强度标准差，在这种情况下评定混凝土强度则采用标准差未知的统计方法。

对于非统计评定法：零星生产预制构件的混凝土或现场搅拌批量不大的混凝土，试件数据少于 10 组，不具备采用统计方法评定的条件，则采用非统计方法评定混凝土强度。这种非统计评定混凝土强度目前在我国应用非常普遍，因为各地普遍地存在着小批量零星生产混凝土的生产方式，其试件数量有限，不具备应用统计方法的条件。应该指出，非统计方法的"抽检方案"，不反映被验收批的混凝土强度的离散程度，不管混凝土质量离散程度如何，都用固定的界限来验收，这种方法评定的合格条件相对严峻，验收界限一般严于统计方法。从理解上较为合理。

5.2 "σ"已知统计评定法中的标准差计算方法

随着计算机的发展及相关软件包的开发应用，数据的处理变得快捷方便，可以取代传统利用极差估计标准差（σ）的方法，极差估计法如式（5.1）所示：

$$\sigma_0 = \frac{\bar{R}}{d_n} = \frac{\sum_{i=1}^{m} \Delta f_{cu,i}}{m \cdot d_n} \tag{5.1}$$

d_n 为极差系数，它与每组中的数据个数 n 有关，d_n 与 n 的关系列在下表 5.3 中。

极差系数 **表 5.3**

n	2	3	4	5	6	7	8	9	10	15	20	50
d_n	1.128	1.693	2.059	2.326	2.534	2.704	2.847	2.970	3.078	3.472	3.735	4.498

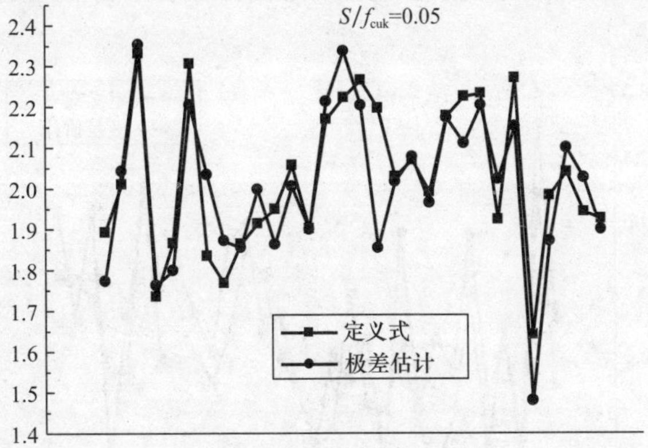

图 5.2 极差估计法和定义式
的比较 S=2MPa 的情况

改用样本标准差的精确计算方法，公式（5.2）：

$$\sigma_0 = \sqrt{\frac{\sum_{i=1}^{n}(f_{\mathrm{cu},i} - m_{f_{\mathrm{cu}}})^2}{n-1}} \tag{5.2}$$

为了对比极差估计法和定义式的差别。按 S=2MPa，4MPa，6MPa 三种情况，分别模拟生成 45 个随机数，每次生成的随机数按照定义式和极差估计计算标准差，每种情况做 30 次模拟，分别如下三个图 5.2，图 5.3 和图 5.4 和表 5.4，表 5.5 和表 5.6。

两种方法所得标准差的统计指标（S/f_{cuk}=0.05=2MPa） **表 5.4**

	最大值	最小值	平均值	标准误差
定义式	2.33	1.6408	2.0234	0.03311
极差估计	2.3521	1.4786	2.0043	0.03438

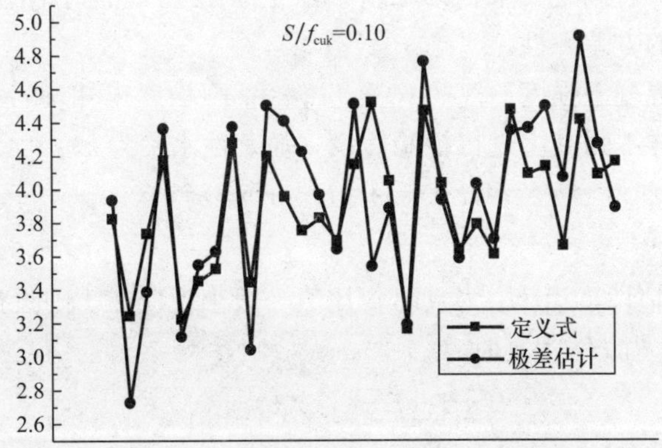

图 5.3 极差估计法和定义式的比较 S=4MPa 的情况

两种方法所得标准差的统计指标 ($S/f_{cuk}=0.10=4MPa$) 表 5.5

	最大值	最小值	平均值	标准误差
定义式	4.5171	3.1606	3.8904	0.06954
极差估计	4.9081	2.7243	3.9427	0.0972

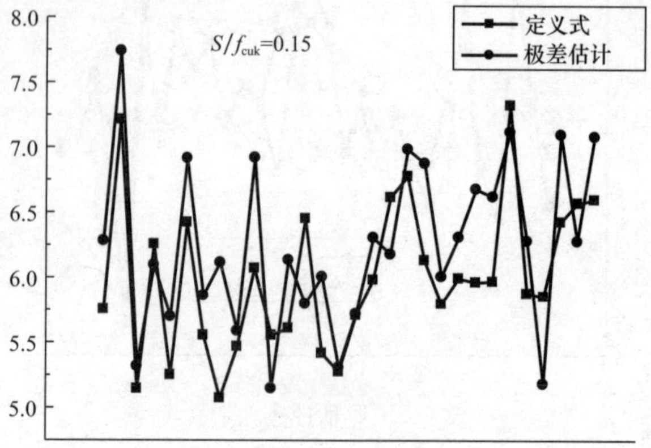

图 5.4 极差估计法和定义式的比较 $S=6MPa$ 的情况

两种方法所得标准差的统计指标 ($S/f_{cuk}=0.15=6MPa$) 表 5.6

	最大值	最小值	平均值	标准误差
定义式	7.3257	5.072	6.0038	0.1052
极差估计	7.7396	5.1475	6.2552	0.1185

用两种方法来估计总体标准差都是正确的。但是，极差估计相对粗糙一点，所以这次修订我们采用定义式方法来计算标准差。

5.3 “σ”已知统计评定法的方差齐性检验

首先按照混凝土强度质量稳定与否的方法进行检验。如果稳定，并同时检验本批的方差范围是否满足要求，若满足要求，则采用“σ”已知法。下面讨论用卡方检验法来检验 σ 已知方案中正态总体的方差齐性。

设被检验的某批混凝土强度～N (μ, σ^2)，μ 和 σ^2 均属未知，x_1，x_2，x_3，……，x_n 是来自这批混凝土的样本强度。进行检验假设（显著性水平为 α)：

$$H_0:\sigma^2=\sigma_0^2,H_1:\sigma^2\neq\sigma_0^2,$$

其中，σ_0^2 为已知常数。

由于 s^2 是的无偏估计，当 H_0 为真时，比值一般来说应在 1 附近摆动，而不应该过分大于 1 或过分小于 1。当 H_0 为真时

$$\frac{(n-1)s^2}{\sigma_0^2}\sim\chi^2(n-1)$$

取

$$\chi^2=\frac{(n-1)s^2}{\sigma_0^2}$$

作为检验统计量，如上述所知道上述检验问题的拒绝域具有如下的形式：

$$\frac{(n-1)s^2}{\sigma_0^2}\leqslant k_1 \quad \cup \quad \frac{(n-1)s^2}{\sigma_0^2}\geqslant k_2$$

接收域为

$$k_1\leqslant\frac{(n-1)s^2}{\sigma_0^2}\leqslant k_2$$

这里 k_1，k_2 的值由下式确定：

$$\begin{aligned}&P\{\text{拒绝 } H_0 \mid H_0 \text{ 为真}\}\\&=P_{\sigma_0^2}\left\{\left(\frac{(n-1)s^2}{\sigma_0^2}\leqslant k_1\right)\cup\left(\frac{(n-1)s^2}{\sigma_0^2}\geqslant k_2\right)\right\}\\&=\alpha\end{aligned}$$

为计算方便，习惯上取

$$P_{\sigma_0^2}\left\{\frac{(n-1)s^2}{\sigma_0^2}\leqslant k_1\right\}=\frac{\alpha}{2},\quad P_{\sigma_0^2}\left\{\frac{(n-1)s^2}{\sigma_0^2}\geqslant k_2\right\}=\frac{\alpha}{2}$$

所以有

$$k_1=\chi^2_{1-\alpha/2}(n-1),\quad k_2=\chi^2_{\alpha/2}(n-1)$$

于是得到拒绝域为

$$\frac{(n-1)s^2}{\sigma_0^2}\leqslant\chi^2_{1-\alpha/2}(n-1) \quad \cup \quad \frac{(n-1)s^2}{\sigma_0^2}\geqslant\chi^2_{\alpha/2}(n-1)$$

接受域为

$$\chi^2_{1-\alpha/2}(n-1)\leqslant\frac{(n-1)s^2}{\sigma_0^2}\leqslant\chi^2_{\alpha/2}(n-1)$$

换一种表达形式即为

$$\sqrt{\frac{\chi^2_{1-\alpha/2}(n-1)}{(n-1)}}\cdot\sigma_0\leqslant s\leqslant\sqrt{\frac{\chi^2_{\alpha/2}(n-1)}{(n-1)}}\cdot\sigma_0$$

算例 1：$n=15$，$\alpha=0.05$ 的方差齐性检验接受域为（EN 206－1：2000）：

$0.6341\sigma\leqslant S\leqslant 1.3659\sigma$（EN 标准为 $0.63\sigma\leqslant S\leqslant 1.37\sigma$）

算例 2：$n=3$，$\alpha=0.05$ 的方差齐性检验接受域为（GBJ 107－87）：

$0.1591\sigma\leqslant S\leqslant 1.9206\sigma$

算例 3：$n=4$，$\alpha=0.05$ 的方差齐性检验接受域为：

$0.2682\sigma\leqslant S\leqslant 1.7653\sigma$

算例 4：$n=5$，$\alpha=0.05$ 的方差齐性检验接受域为：

$0.3480\sigma\leqslant S\leqslant 1.6691\sigma$

算例 5：$n=6$，$\alpha=0.05$ 的方差齐性检验接受域为：

$0.4077\sigma\leqslant S\leqslant 1.6020\sigma$

算例 6：$n=35$，$\alpha=0.05$ 的方差齐性检验接受域为：

$$0.7632\sigma \leqslant S \leqslant 1.2363\sigma$$

由于 $n=3$ 对应的方差齐性检验范围较广，$0.1591\sigma \leqslant S \leqslant 1.9206\sigma$，对于绝大多数情况，这种条件是完全可以满足的，因而在应用统计方法 1——方差已知方案评定强度合格性前，也无须进行方差齐性检验。

5.4 “σ”未知统计评定法（“S”法）的确定

验收函数的表达式一般为：

$$m_{f_{cu}} - \lambda_1 S_{f_{cu}} \geqslant f_{cu,k} \tag{5.3}$$

设总体 $N(\mu, \sigma^2)$，那么其样本均值：

$$m_{f_{cu}} \sim \left(\mu, \frac{\sigma^2}{n}\right) \tag{5.4}$$

那么有：

$$(m_{f_{cu}} - f_{cu,k}) \sim N\left(\mu - f_{cu,k}, \frac{\sigma^2}{n}\right) \tag{5.5}$$

因为对于 X_1，X_2，……，X_n 是总体 N（μ，σ^2），的样本，$\overline{X}$ 和 S^2 分别是样本均值和样本方差，则有：

$$\frac{(n-1)S^2}{\sigma^2} \sim \chi^2(n-1) \tag{5.6}$$

$$\overline{X} \text{ 与 } S^2 \text{ 独立} \tag{5.7}$$

又因为，$X \sim N$（μ，σ^2），$Y/\sigma^2 \sim \chi^2$（n），$\mu \neq 0$，且 X 和 Y 独立，则称：

$$T = \frac{X}{\sqrt{Y/n}} \tag{5.8}$$

所服从的分布为非中心 t 分布，带有非中心参数 $\delta = \mu/\sigma$ 和自由度 n。

当 $\delta=0$ 时，服从中心 t 分布。

所以根据（1）式，令

$$X = m_{f_{cu}} - f_{cu,k}, Y = (n-1)S^2 \tag{5.9}$$

$$\frac{m_{f_{cu}} - f_{cu,k}}{S_{f_{cu}}} \cdot \sqrt{n} = \frac{X}{\sqrt{Y/(n-1)}} \sim nont\left(\frac{m_{f_{cu}} - f_{cu}}{S_{f_{cu}}} \cdot \sqrt{n}, n-1\right)$$

$$\text{即：}\lambda_1 \cdot \sqrt{n} \sim nont\left(\frac{m_{f_{cu}} - f_{cu}}{S_{f_{cu}}} \cdot \sqrt{n}, n-1\right) \tag{5.10}$$

所以当样本均值取值为 AQL 水平时，即：$m_{f_{cu}} = f_{cu,k} + Z_{0.05} \cdot S_{f_{cu}}$。有：

$$nctcdf(\lambda_1 \cdot \sqrt{n}, n-1, Z_{0.05} \cdot \sqrt{n}) = 0.05 \tag{5.11}$$

$$nctcdf(\lambda_1 \cdot \sqrt{n}, n-1, Z_{0.4} \cdot \sqrt{n}) = 0.95 \tag{5.12}$$

利用不动点迭代，可以计算出 λ_1 和 n 值。

为了验证理论计算的正确性，与不考虑最小值条件的 Monte—Carlo 模拟计算进行了对比，设定参数 $n=10$，$\lambda_1=1.0$，不同强度总体均值对应的接收概率理论计算值与模拟计算值对比如下表 5.7 所示。

标准差未知的接收概率理论计算与数值模拟对比（$n=10$，$\lambda_1=1.0$）　　表 5.7

检验批强度值的分位数 $f_{cu,k}$+分位数 * S	理论计算值	10000 次	100000 次
1.645	0.9552	0.9568	0.9552
1.45	0.8873	0.8847	0.8866
1.05	0.5814	0.5900	0.5844
1.0	0.5312	0.5290	0.5308
0.5	0.1134	0.1162	0.1120
0	0.0058	0.0062	0.0060

上表说明，模拟次数越大，与真值（理论计算值）的接近程度越高。

在设定 $\alpha=0.05$，$\beta=0.05$；接收质量水平：$AQL=f_{cuk}+1.645\sigma$ 的前提下利用正态分布（近似）和非中心 t—分布（精确）计算的不同极限质量水平对应的 λ_1 和 n 的值如下表 5.8 所示：

近似计算（正态）与精确计算（非中心 t）结果对比　　表 5.8

极限质量水平保证率	按正态分布计算（近似）		按非中心 t—分布计算		λ_1 计算误差%	n 计算误差%
	λ_1	n	λ_1	n		
40%	0.6958	3.7305	0.7440	4.0071	−6.48	−6.90
50%	0.8224	5.3528	0.8582	5.6819	−4.17	−5.79
55%	0.8853	6.5265	0.9155	6.8812	−3.30	−5.15
60%	0.9491	8.1064	0.9743	8.4868	−2.59	−4.48
65%	1.0151	10.3363	1.0355	10.7425	−1.97	−3.78
70%	1.0846	13.6910	1.1006	14.1234	−1.45	−3.06
75%	1.1597	19.2216	1.1715	19.6807	−1.01	−2.33
80%	1.2432	29.7370	1.2512	30.2223	−0.64	−1.61
85%	1.3406	55.5079	1.3451	56.0128	−0.33	−0.90

总的来看，近似计算结果偏小（导致评定结果偏危险）。但是随着 n 的增大，正态分布近似计算结果与非中心 t—分布计算结果的误差越来越小。换句话说，这是由于随着 n 的提高，正态分布的近似程度越来越高。

5.5 “S”统计法的 Monte—Carlo 模拟计算

采用 Monte—Carlo 模拟计算，几种方案进行的均值和最小值方案双控得到的生产方风险和使用方风险如下表 5.9 所示。

根据不同强度等级统计结果（标准差），新旧方案的验收界限对比如表 5.10 所示。

不同方案的两种风险计算结果（Monte—Carlo 模拟） 表 5.9

编号	n	10～14 (10～14)	15～24 (15～19)	≥25 (≥20)
①	λ_1	1.7	1.65	1.60
	λ_2	0.90	0.85	
②	λ_1	0.90	0.85	0.80
	λ_2	0.90	0.85	
③	λ_1	1.00	0.90	0.80
	λ_2	0.90	0.85	
④	λ_1	1.00	0.95	0.90
	λ_2	0.90	0.85	
⑤	λ_1	1.15	1.05	0.95
	λ_2	0.90	0.85	

(表头"每个方案系数值")

$S/f_{cu,k}$	n	GBJ 107—87① α	β	β^*	β_1	② α	β	③ α	β_1	④ α	β_1	⑤ α	β_1
0.20	10	0.2239	0	0.0079	0.0313	0.1542	0	0.1581	0.0292	0.1561	0.0249	0.1818	0.0149
	14	0.2448	0	0.0014	0.0099	0.2036	0	0.2062	0.0083	0.2037	0.0074	0.2171	0.0041
	15	0.1635	0	0.0004	0.013	0.1111	0	0.1206	0.0165	0.1194	0.0125	0.1272	0.0067
	19	0.1747	0	0.0004	0.0063	0.1367	0	0.149	0.0067	0.1465	0.0048	0.1499	0.0024
	20	0.1776	0	0.0025	0.0043	0.1436	0	0.1582	0.0095	0.1543	0.0063	0.1558	0.0037
	24	0.1988	0	0.0001	0.0021	0.1703	0	0.186	0.0041	0.18	0.0026	0.1822	0.0015
	25	0.2009	0	0.0001	0.0021	0.1803	0	0.1917	0.0034	0.1875	0.0022	0.1891	0.0015
0.15	10	0.1464	0	0.0188	0.0623	0.1013	0	0.1144	0.0289	0.112	0.0306	0.1486	0.0156
	14	0.1591	0	0.0052	0.028	0.1325	0	0.1391	0.0086	0.1405	0.0095	0.1610	0.0050
	15	0.0869	0	0.0077	0.0362	0.0580	0	0.0633	0.0191	0.0629	0.0144	0.0749	0.0070
	19	0.1755	0	0.0028	0.0196	0.0720	0	0.0784	0.0069	0.0745	0.006	0.0840	0.0029
	20	0.1816	0	0.0016	0.0175	0.0744	0	0.0825	0.0136	0.0777	0.0062	0.0799	0.0047
	24	0.1019	0	0.0009	0.009	0.0896	0	0.0974	0.0071	0.0919	0.003	0.0926	0.0022
	25	0.1	0	0.0006	0.0105	0.0933	0	0.1017	0.0064	0.0962	0.0029	0.0980	0.0017
0.10	10	0.0545	0	0.0827	0.1921	0.0504	0	0.0705	0.0317	0.0621	0.0324	0.1153	0.0166
	14	0.0607	0	0.038	0.1271	0.0569	0	0.0648	0.0102	0.0659	0.0113	0.1025	0.0052
	15	0.0167	0	0.0539	0.1793	0.0148	0	0.0176	0.0202	0.0235	0.0156	0.0386	0.0072
	19	0.0176	0	0.0358	0.1793	0.0153	0	0.0181	0.008	0.0202	0.0071	0.0293	0.0030
	20	0.0182	0	0.032	0.1793	0.0153	0	0.0169	0.0171	0.0187	0.0072	0.0195	0.0053
	24	0.0197	0	0.0187	0.1066	0.0182	0	0.0203	0.0098	0.0214	0.0037	0.0215	0.0024
	25	0.0199	0	0.0204	0.1121	0.0188	0	0.0211	0.0087	0.0214	0.0038	0.0227	0.0021
0.05	10	0.0013	0	0.6978	0.8333	0.0223	0	0.0475	0.0322	0.0435	0.0329	0.1024	0.0164
	14	0.0018	0	0.6628	0.8196	0.0102	0	0.0226	0.0105	0.0253	0.0115	0.0721	0.0058
	15	0	0	0.8228	0.9357	0.0042	0	0.0074	0.0207	0.0132	0.0156	0.0306	0.0074
	19	0	0	0.8426	0.9357	0.0013	0	0.0033	0.0082	0.005	0.0072	0.0175	0.0028
	20	0	0	0.8472	0.9357	0.0004	0	0.0004	0.0186	0.0019	0.0073	0.0048	0.0052
	24	0	0	0.8689	0.9681	0.0001	0	0.0002	0.0115	0.0018	0.0037	0.0025	0.0026
	25	0	0	0.9018	0.9756	0.0000	0	0.0002	0.0067	0.0009	0.0021	0.0018	0.0021

α：$AQC=f_{cu,k}+1.645\sigma$

β：$LQ=0.71f_{cu,k}$

$\beta^*=f_{cu,k}$

$\beta_1=f_{cu,k}+0.2533\sigma$

α：$AQC=f_{cu,k}+1.645\sigma$

β：$LQ=0.71f_{cu,k}$

$\beta^*=f_{cu,k}$

$\beta_1=f_{cu,k}+0.2533\sigma$

新旧方案验收界限对比（实例）　　　　表 5.10

强度等级	标准差	(0.90) $f_{cu,k}+\lambda_1 \cdot S$								
		GBJ 107—87			λ_1=1.0、0.95、0.9			λ_1=1.15、1.05、0.95		
		10～14	15～14	≥25	10～14	15～19	≥20	10～14	15～19	≥20
C 10	1.51	11.57	11.49	11.42	11.51	11.44	11.36	11.74	11.59	11.43
C15	2.27	17.35	17.24	17.13	17.27	17.15	17.04	17.61	17.38	17.16
C 20	3.02	23.14	22.99	22.83	23.02	22.87	22.72	23.47	23.17	22.87
C 25	3.78	28.92	28.73	28.54	28.78	28.59	28.40	29.35	28.97	28.59
C 30	4.53	34.70	34.48	34.25	34.53	34.31	34.08	35.21	34.76	34.30
C 35	3.60	37.62	37.44	37.26	38.60	38.42	38.24	39.14	38.78	38.42
C 40	4.12	43.00	42.79	42.59	44.12	43.91	43.70	44.74	44.33	43.91
C 45	4.63	48.37	48.14	47.91	49.63	49.40	49.17	50.32	49.86	49.40
C 50	5.14	53.75	53.49	53.23	55.14	54.89	54.63	55.91	55.40	54.88
C 55	5.66	59.12	58.84	58.55	60.66	60.38	60.09	61.51	60.94	60.38
C 60	3.63	60.17	59.99	59.81	63.63	63.45	63.27	64.17	63.81	63.45
C 65	3.93	65.18	64.99	64.79	68.93	68.73	68.54	69.52	69.13	68.73
C 70	4.23	70.20	69.98	69.77	74.23	74.02	73.81	74.86	74.44	74.02
C 75	4.54	75.21	74.98	74.76	79.54	79.31	79.08	80.22	79.77	79.31
C 80	4.84	80.22	79.98	79.74	84.84	84.60	84.35	85.57	85.08	84.60
C 85	5.14	85.24	84.98	84.72	90.14	89.88	89.63	90.91	90.40	89.88
C 90	5.44	90.25	89.98	89.71	95.44	95.17	94.90	96.26	95.71	95.17
C 95	5.74	95.27	94.98	94.69	100.74	100.46	100.17	101.60	101.03	100.45
C 100	6.05	100.28	99.98	99.68	106.05	105.74	105.44	106.96	106.35	105.75
C 105	6.35	105.29	104.98	104.66	111.35	111.03	110.71	112.30	111.67	111.03
C 110	6.65	110.31	109.98	109.64	116.65	116.32	115.99	117.65	116.98	116.32

从上面的验收界限对比可以看出，混凝土强度等级较低时，原标准方案较为严格，而强度等级中等时，两种方案接近，但是当混凝土强度等级比较高时，原标准方案很不合理（验收界限有的竟然低于强度等级标准值），而采用修订方案较为合理。

第六章　修订方案的解释与说明（与原标准的对比）

6.1　验收界限的对比

n 值不同时，原标准与修订方案的验收界限对比如下表 6.1，6.2 和 6.3 所示：

$(0.90)f_{cu,k}+\lambda_1\cdot S$ (n=10～14)　　**表 6.1**

方案	GBJ 107—87				GB/T 50107—2010			
σ 计算方法	0.20× $f_{cu,k}$	0.15× $f_{cu,k}$	0.10× $f_{cu,k}$	0.05× $f_{cu,k}$	0.20× $f_{cu,k}$	0.15× $f_{cu,k}$	0.10× $f_{cu,k}$	0.05× $f_{cu,k}$
C10	12.4	11.6	10.7	9.9	12.3	11.7	11.2	10.6
C20	24.8	23.1	21.4	19.7	24.6	23.5	22.3	21.2
C30	37.2	34.7	32.1	29.6	36.9	35.2	33.5	31.7
C40	49.6	46.2	42.8	39.4	49.2	46.9	44.6	42.3
C50	62.0	57.8	53.5	49.3	61.5	58.6	55.8	52.9
C60	74.4	69.3	64.2	59.1	73.8	70.4	66.9	63.5
C70	86.8	80.9	74.9	69.0	86.1	82.1	78.1	74.0
C80	99.2	92.4	85.6	78.8	98.4	93.8	89.2	84.6
C90	111.6	104.0	96.3	88.7	110.7	105.5	100.4	95.2
C100	124.0	115.5	107.0	98.5	123	117.3	111.5	105.8

$(0.90)f_{cu,k}+\lambda_1\cdot S$ (n=15～19)　　**表 6.2**

方案	GBJ 107—87				GB/T 50107—2010			
σ 计算方法	0.20× $f_{cu,k}$	0.15× $f_{cu,k}$	0.10× $f_{cu,k}$	0.05× $f_{cu,k}$	0.20× $f_{cu,k}$	0.15× $f_{cu,k}$	0.10× $f_{cu,k}$	0.05× $f_{cu,k}$
C10	12.3	11.5	10.7	9.8	12.1	11.6	11.0	10.5
C20	24.6	23.0	21.3	19.6	24.2	23.2	22.1	21.0
C30	36.9	34.4	32.0	29.5	36.3	34.7	33.2	31.6
C40	49.2	45.9	42.6	39.3	48.4	46.3	44.2	42.1
C50	61.5	57.4	53.3	49.1	60.5	57.9	55.2	52.6
C60	73.8	68.9	63.9	59.0	72.6	69.4	66.3	63.2
C70	86.1	80.3	74.6	68.8	84.7	81.0	77.4	73.7
C80	98.4	91.8	85.2	78.6	96.8	92.6	88.4	84.2
C90	110.7	103.3	95.9	88.4	108.9	104.2	99.4	94.7
C100	123.0	114.8	106.5	98.3	121.0	115.8	110.5	105.2

$(0.90)f_{cu,k}+\lambda_1 \cdot S$ ($n>=20$) 表 6.3

方案	GBJ 107—87				GB/T 50107—2010			
σ计算方法	0.20×$f_{cu,k}$	0.15×$f_{cu,k}$	0.10×$f_{cu,k}$	0.05×$f_{cu,k}$	0.20×$f_{cu,k}$	0.15×$f_{cu,k}$	0.10×$f_{cu,k}$	0.05×$f_{cu,k}$
C10	12.2	11.4	10.6	9.8	11.9	11.4	11.0	10.5
C20	24.4	22.8	21.2	19.6	23.8	22.8	21.9	21.0
C30	36.6	34.2	31.8	29.4	35.7	34.3	32.8	31.4
C40	48.8	45.6	42.4	39.2	47.6	45.7	43.8	41.9
C50	61.0	57.0	53.0	49.0	59.5	57.1	54.8	52.4
C60	73.2	68.4	63.6	58.8	71.4	68.6	65.7	62.8
C70	85.4	79.8	74.2	68.6	83.3	80.0	76.6	73.3
C80	97.6	91.2	84.8	78.4	95.2	91.4	87.6	83.8
C90	109.8	102.6	95.4	88.2	107.1	102.8	98.6	94.3
C100	122.0	114.0	106.0	98.0	119	114.2	109.5	104.8

从上面的3个表格对比中，可以看出，仅当强度等级小于C10时，原标准较为严格，而当强度等级大于等于C10时，修订方案较为严格和合理。

6.2 抽样特性曲线（OC曲线）对比

标准差已知的统计评定方法由于方案基本没变，所以没有做OC曲线对比，下面进行的是统计方法二和非统计方法的OC曲线（不同质量水平对应的接收概率）对比。

标准差未知的统计评定方法OC曲线对比

由上面的OC曲线对比图可以看出，对于标准差比较大的情况，混凝土强度等级较低，如C35及C35以下，修订方案要比原标准宽松。

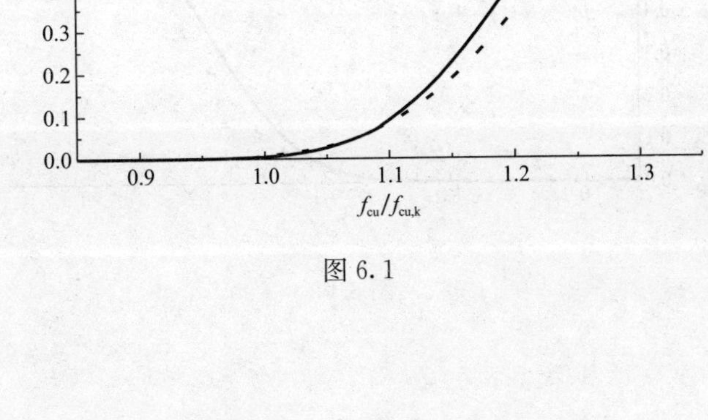

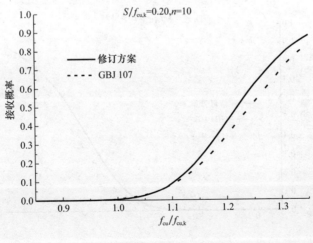

图6.1

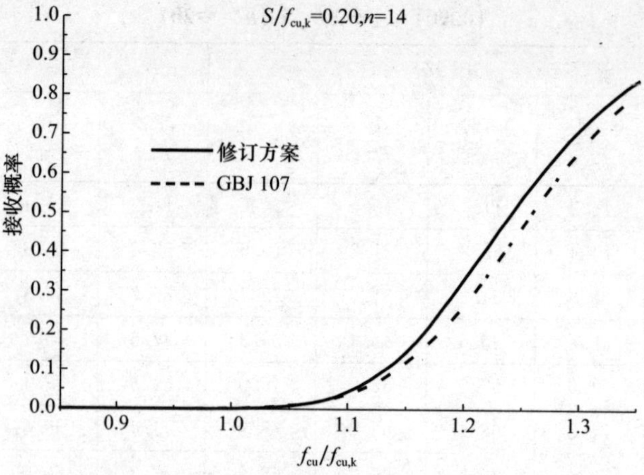
$S/f_{cu,k}$=0.20,n=14
接收概率
修订方案
GBJ 107
$f_{cu}/f_{cu,k}$
1.0
0.9
0.8
0.7
0.6
0.5
0.4
0.3
0.2
0.1
0.0
0.9
1.0
1.1
1.2
1.3

图 6.2

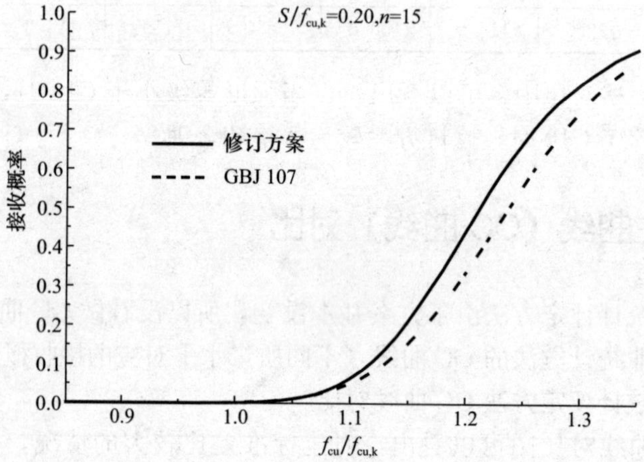
$S/f_{cu,k}$=0.20,n=15
接收概率
修订方案
GBJ 107
$f_{cu}/f_{cu,k}$
1.0
0.9
0.8
0.7
0.6
0.5
0.4
0.3
0.2
0.1
0.0
0.9
1.0
1.1
1.2
1.3

图 6.3

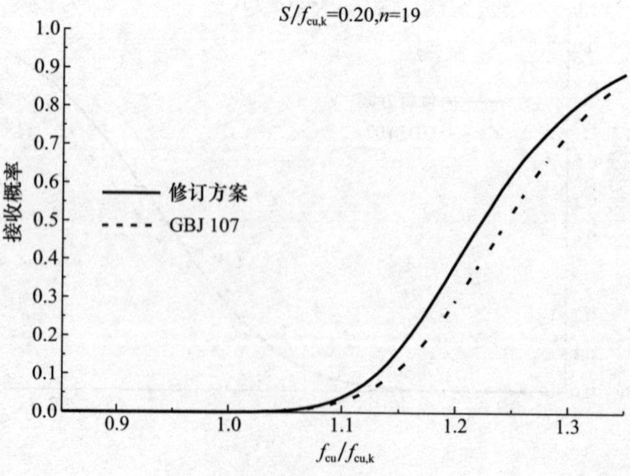
$S/f_{cu,k}$=0.20,n=19
接收概率
修订方案
GBJ 107
$f_{cu}/f_{cu,k}$
1.0
0.9
0.8
0.7
0.6
0.5
0.4
0.3
0.2
0.1
0.0
0.9
1.0
1.1
1.2
1.3

图 6.4

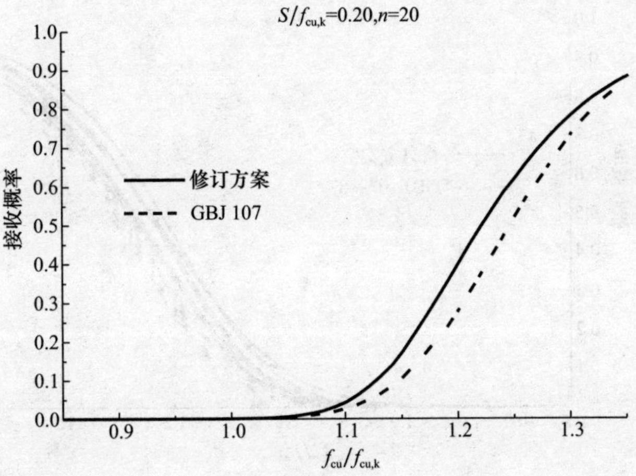
$S/f_{cu,k}$=0.20,n=20
接收概率
修订方案
GBJ 107
$f_{cu}/f_{cu,k}$

图 6.5

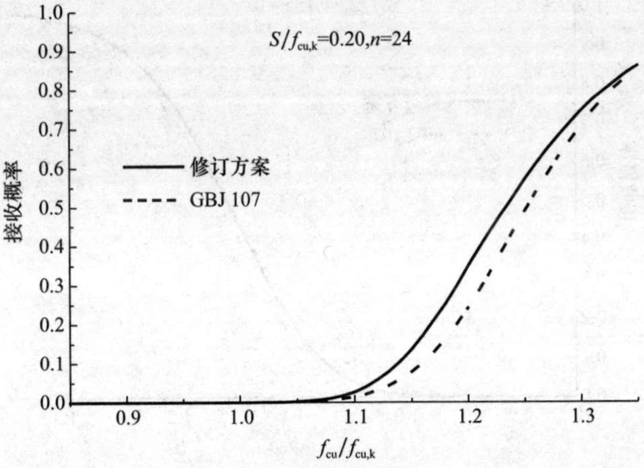
$S/f_{cu,k}$=0.20,n=24
接收概率
修订方案
GBJ 107
$f_{cu}/f_{cu,k}$

图 6.6

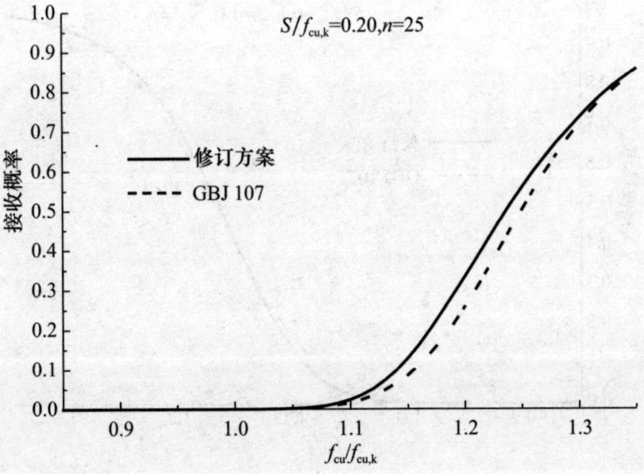
$S/f_{cu,k}$=0.20,n=25
接收概率
修订方案
GBJ 107
$f_{cu}/f_{cu,k}$

图 6.7

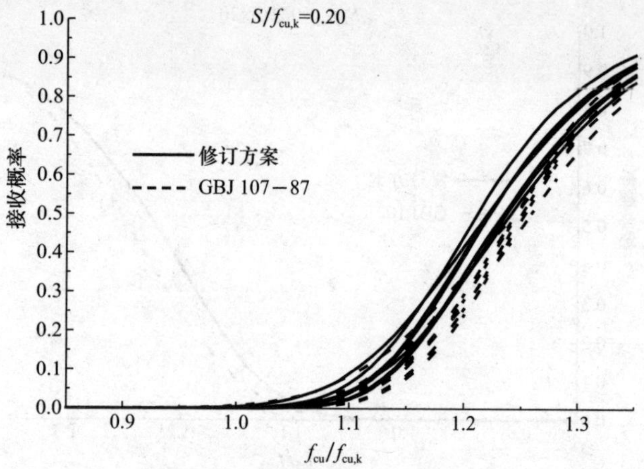

图 6.8　$S/f_{cuk}=0.20$ 的 OC 曲线对比情况

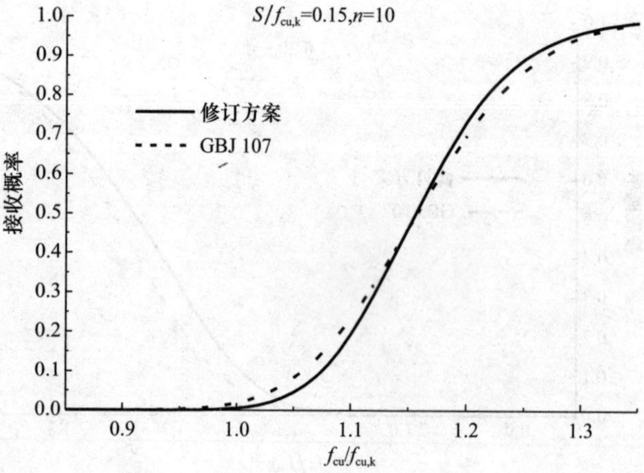

图 6.9

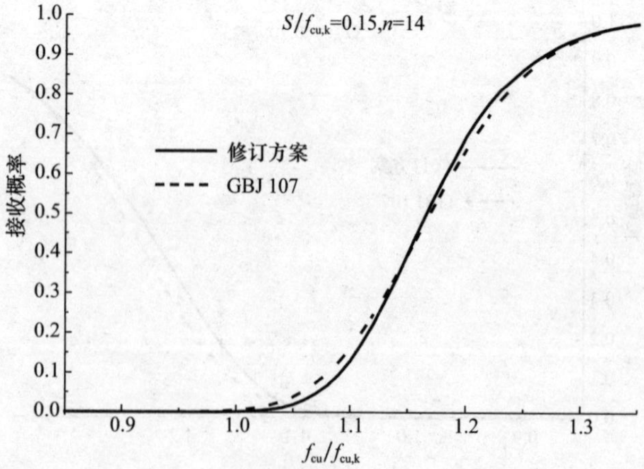

图 6.10

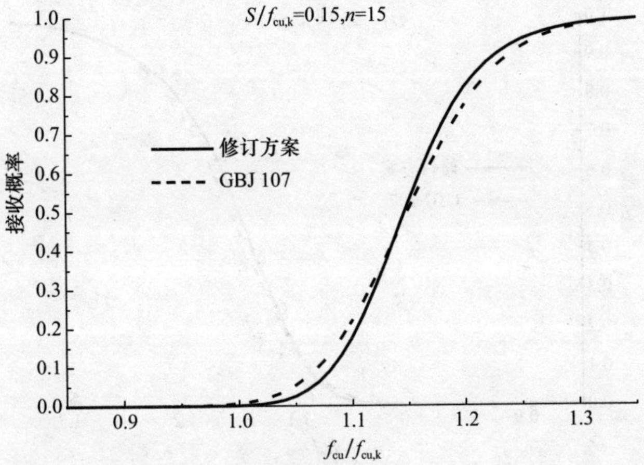

图 6.11

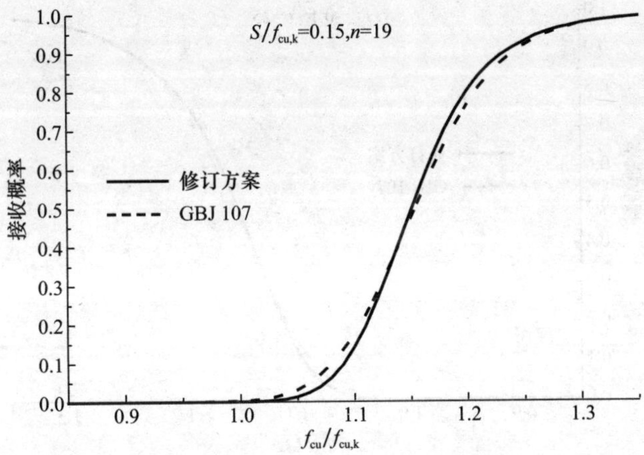

图 6.12

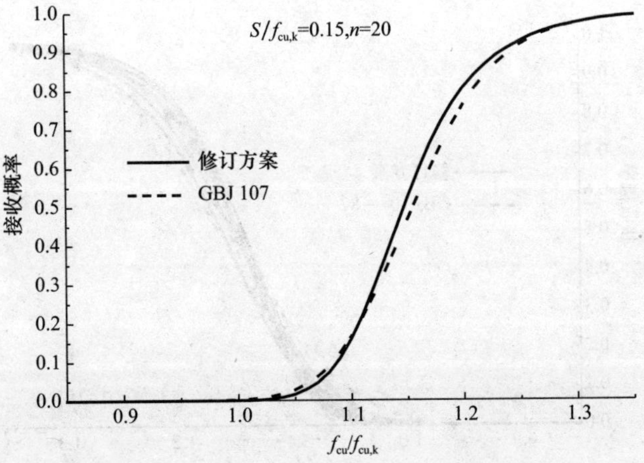

图 6.13

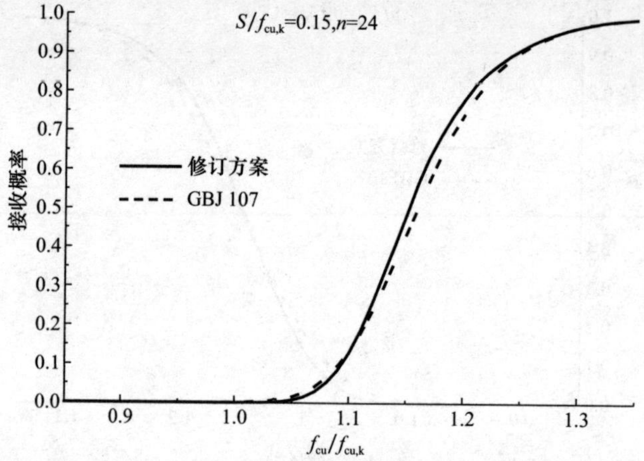

图 6.14

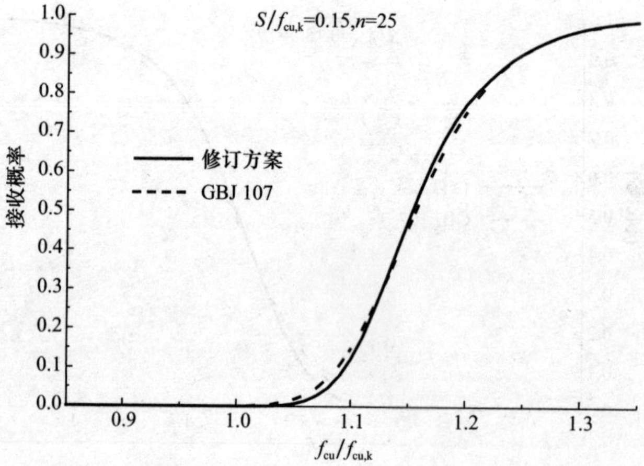

图 6.15

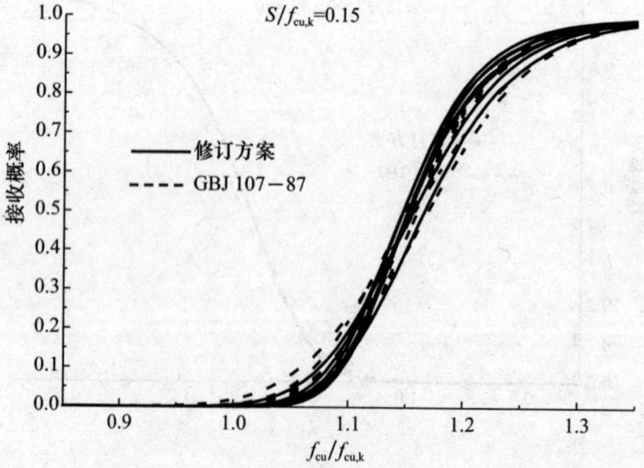

图 6.16　S/f_{cuk}＝0.15 的 OC 曲线对比情况

由上面的OC曲线对比图可以看出，对于标准差比较大的情况，混凝土强度等级居中，如C40～C50之间，修订方案和原标准的宽严程度接近。但是修订方案的OC曲线较陡峭，也就是说检验功效较好。

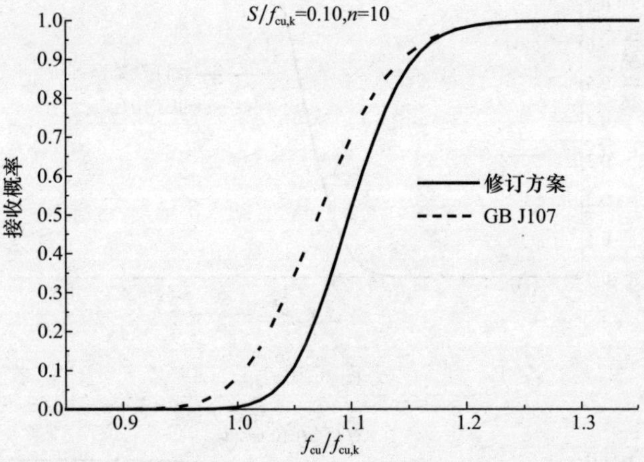

图6.17

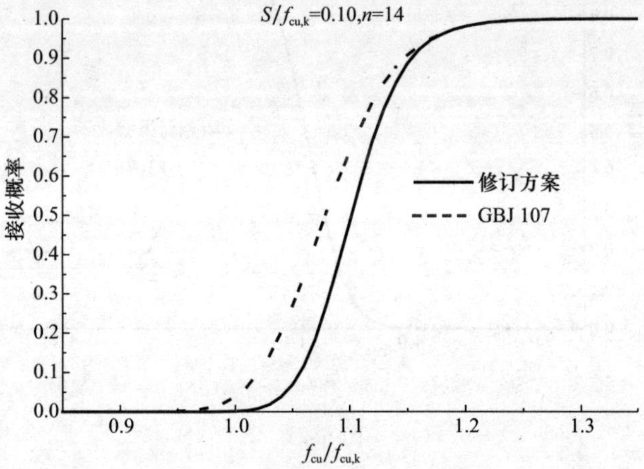

图6.18

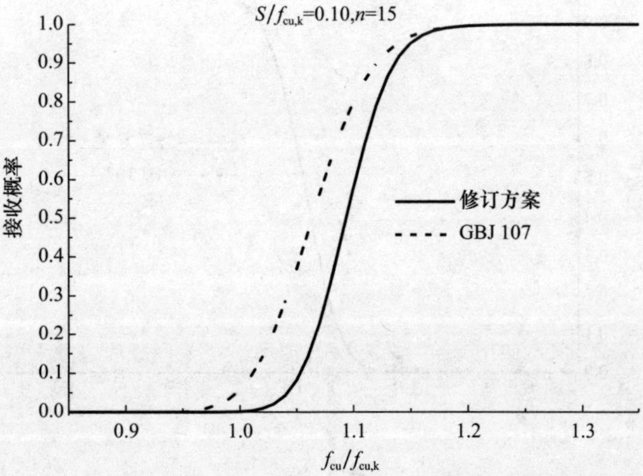

图6.19

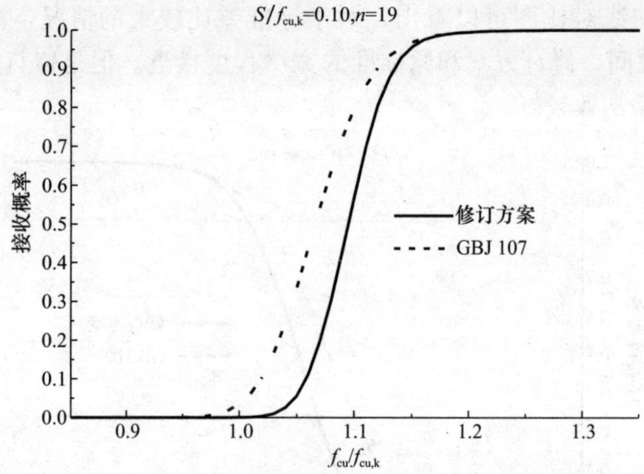

图 6.20

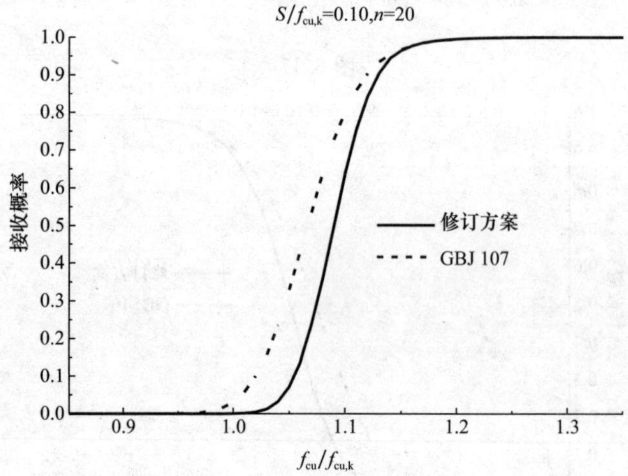

图 6.21

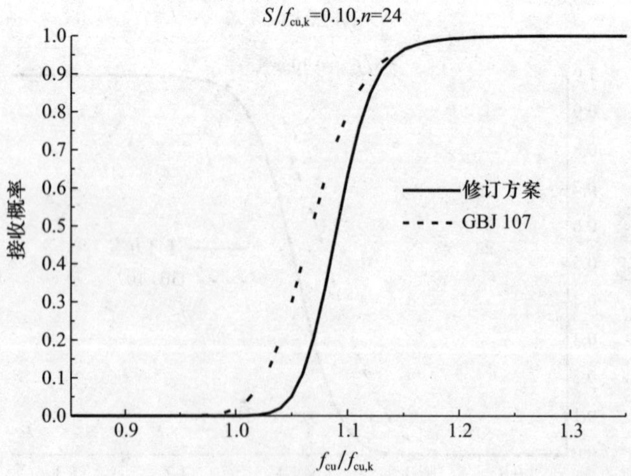

图 6.22

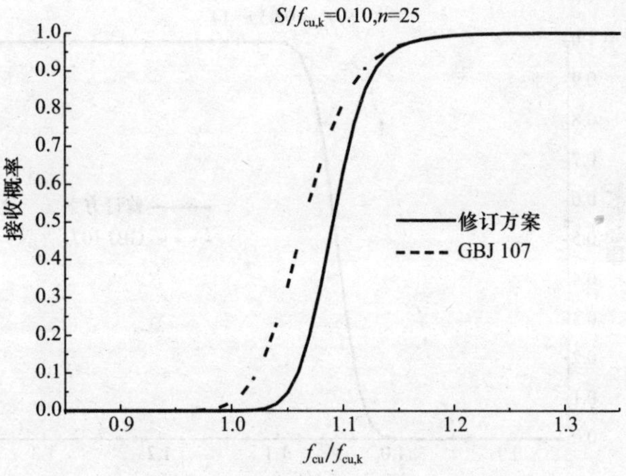

图 6.23

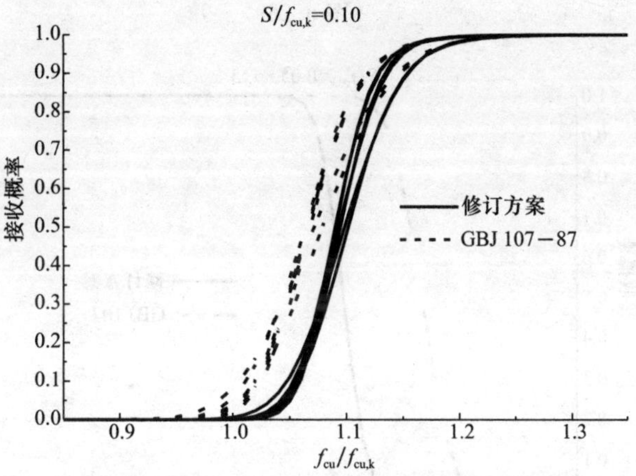

图 6.24　$S/f_{cuk}=0.10$ 的 OC 曲线对比情况

由上面的 OC 曲线对比图可以看出，对于标准差比较小的情况，混凝土强度等级较低，如 C50 以上，修订方案要比原标准严格。而且修订方案的 OC 曲线较陡峭，也就是说检验功效较好。

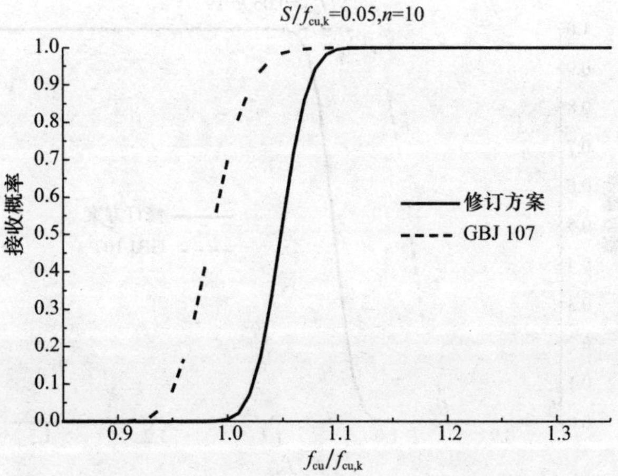

图 6.25

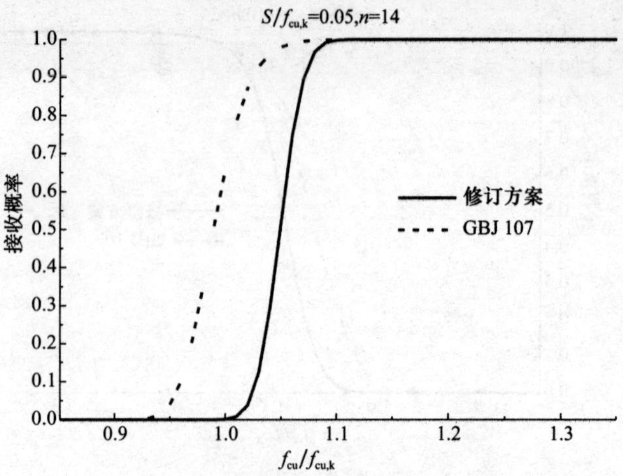

图 6.26

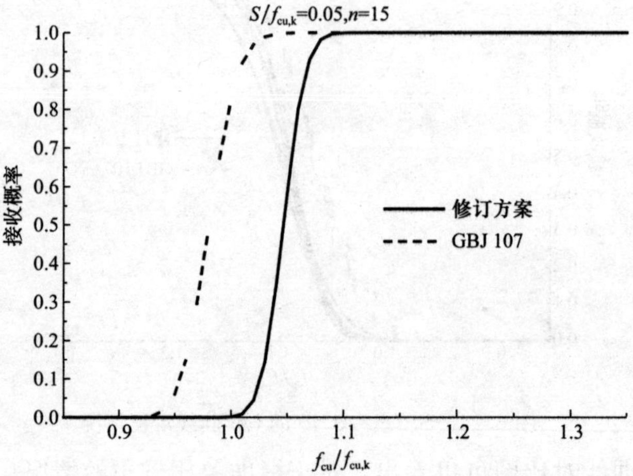

图 6.27

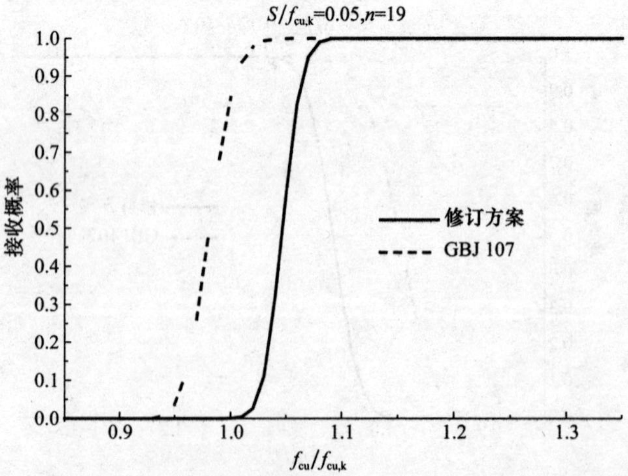

图 6.28

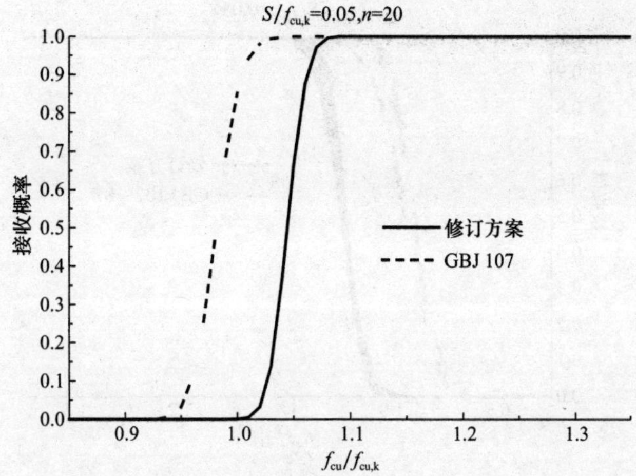

图 6.29

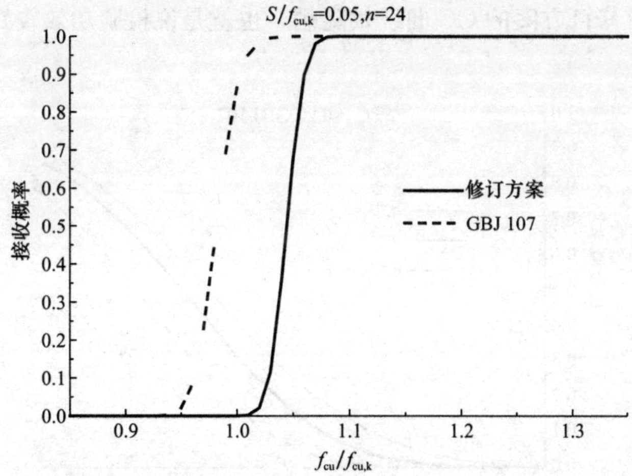

图 6.30

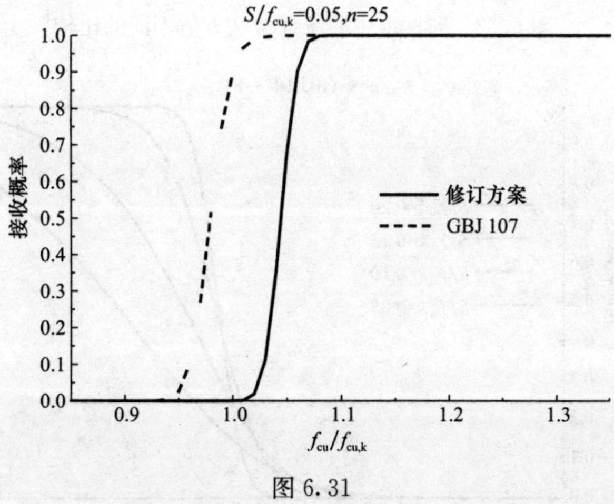

图 6.31

由上面的OC曲线对比图可以看出，对于标准差很小的情况，混凝土强度等级较高，如C80及C80以上，修订方案要比原标准严格得多（从验收界限比较可以看出原标准方案

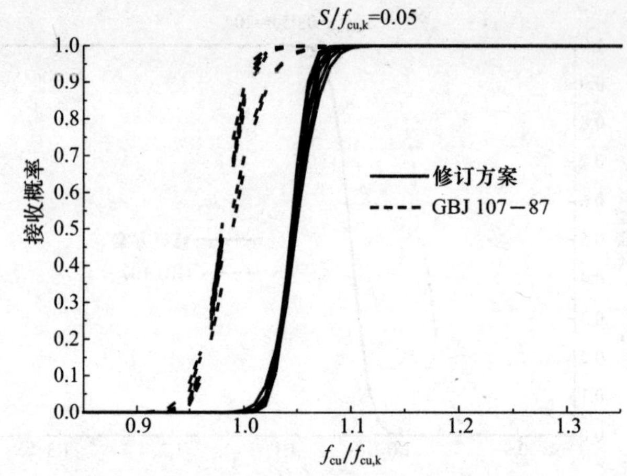

图 6.32　$S/f_{cuk}=0.05$ 的 OC 曲线对比情况

的不合理性）。而且修订方案的 OC 曲线较陡峭，也就是说检验功效较好。

非统计方法：

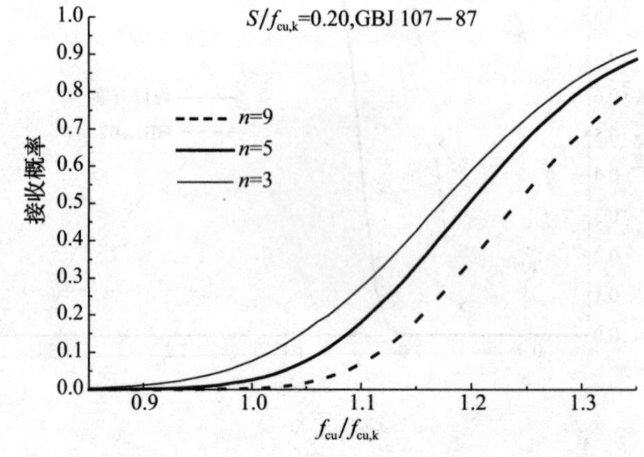

图 6.33　原标准中非统计方法 n 值不同的比较

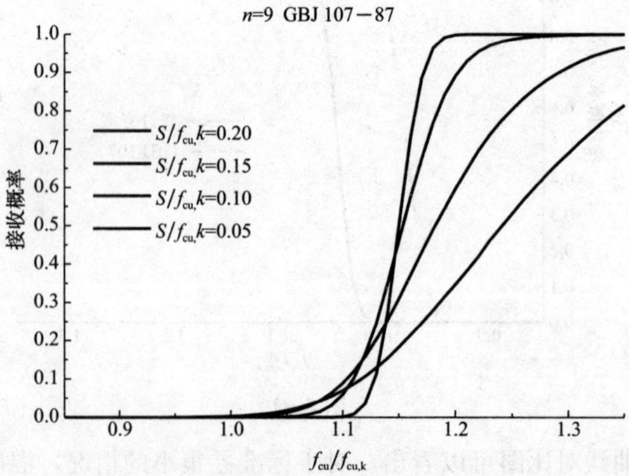

图 6.34　原标准非统计方法 $n=9$ 时，不同标准差比较

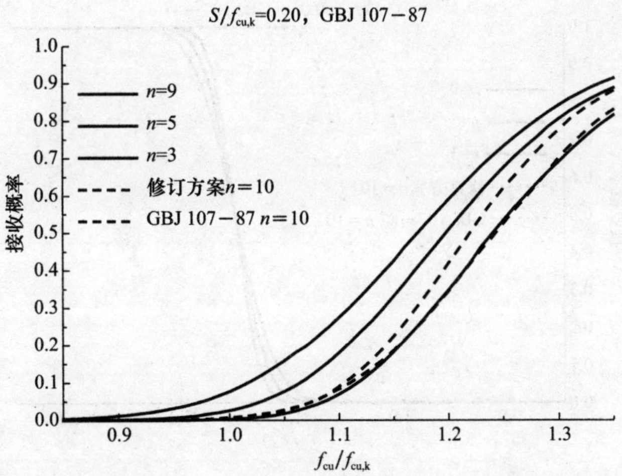

图 6.35　非统计方法与统计方法的比较

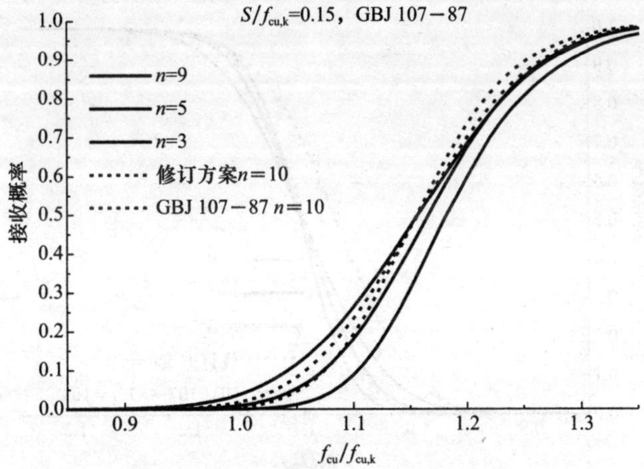

图 6.36

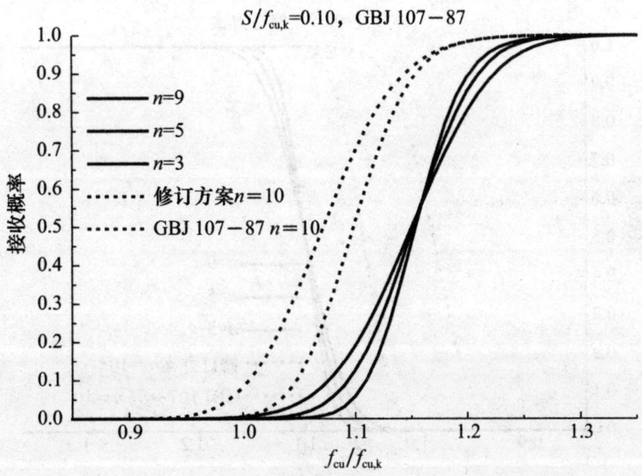

图 6.37

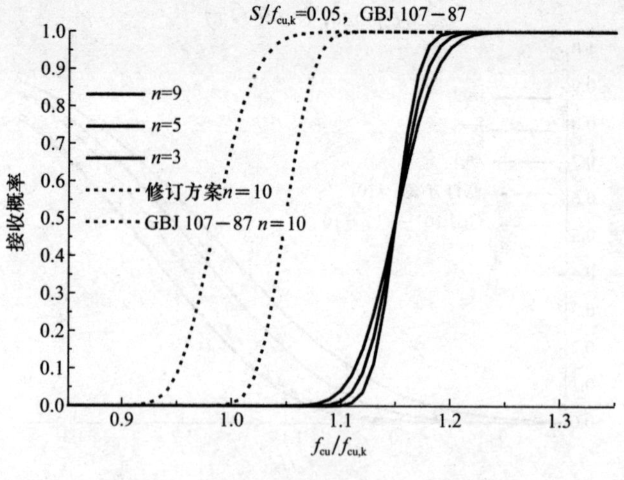

图 6.38　非统计方法和统计方法的比较

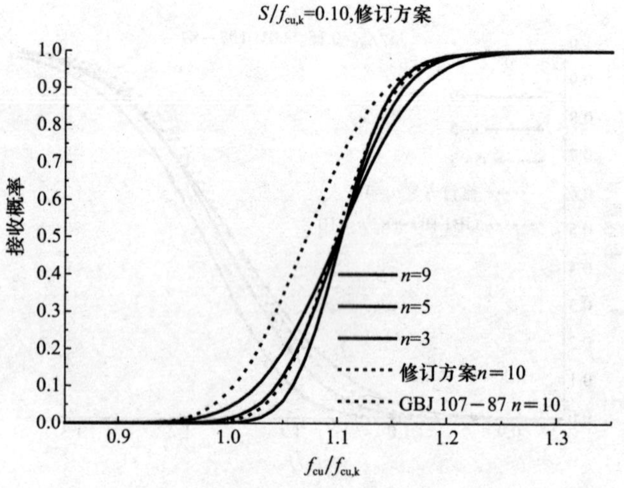

图 6.39　修订非统计与统计方法比较

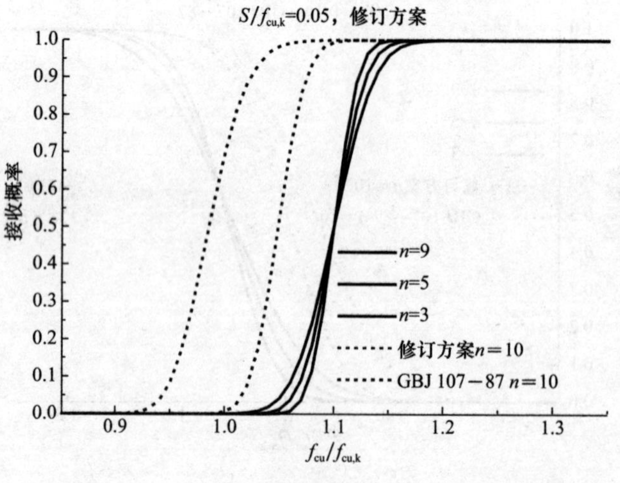

图 6.40

非统计方法中，最小值方案的系数改为 0.90 和保持为 0.90 的 OC 曲线对比情况如图 6.41 和图 6.42 所示。

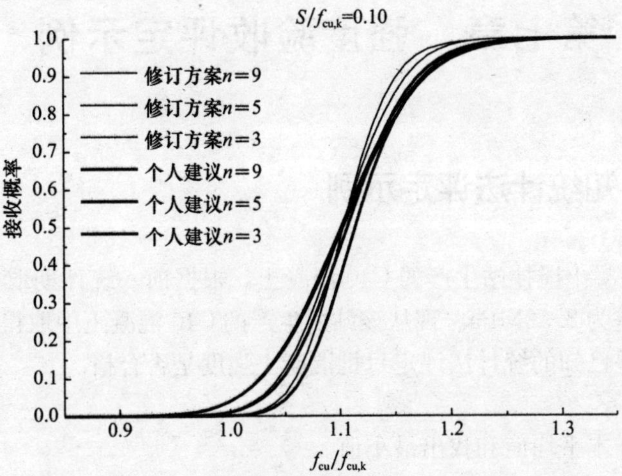

图 6.41

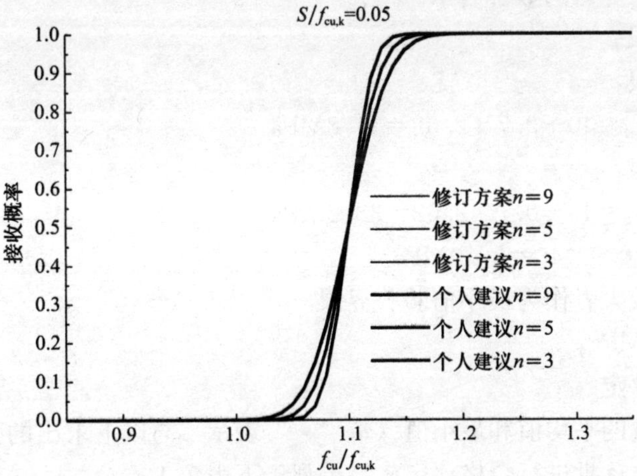

图 6.42

第七章　强度验收评定示例

7.1　标准差已知统计法评定示例

例 1：某商品混凝土搅拌站生产的 C40 混凝土，根据前一统计期取得的同类混凝土强度数据，得到标准差为 2.52MPa。现从该站所生产的 C40 混凝土中取得 9 批强度数据，列于下表。请按标准差已知的统计法评定每批混凝土强度是否合格。

解答步骤如下：

（1）计算各批样本平均值和找出最小值。

平均值见下表 6.1。

最小值以带“*”号的数字表示。

（2）求验收界限。

平均值验收界限：

$[f_{cu,k}+0.7\times\sigma_0]=40+0.7\times2.52=41.8$MPa

最小值验收界限：

$[f_{cu,k}-0.7\times\sigma_0]=40-0.7\times2.52=38.2$MPa

$[0.90\times f_{cu,k}]=0.9\times40=36.0$MPa

取上述两值中较大者作为最小值验收界限。

$[f_{cu,min}]=38.2$MPa。

（3）检验结果评定

每批混凝土强度的平均值和最小值（带“*”表示）与以上求出的强度平均值和最小值的验收界限相比，逐批进行合格评定，结果列于下表 7.1。

示例 1 数据和评定结果　　　　**表 7.1**

批号	1	2	3	4	5	6	7	8	9
强度代表值	39.5	42.0	38.5*	43.0	40.0	40.0	46.0	48.0	42.0
	41.0	45.0	46.0	46.0	38.0*	39.5	45.5	44.0	41.0*
	38.5*	39.0*	42.0	39.0*	45.0	38.0*	42.0*	40.0*	43.0
平均值	39.7	42.0	42.2	42.7	41.0	39.2	44.3	44.0	42.0
评定结果	不合格	合格	合格	合格	不合格	不合格	合格	合格	合格

例 2：某预制混凝土构件厂生产的预应力圆孔板，按设计要求用 C30 混凝土。某月取得强度数据 8 批列于表 7.3。请分批按标准差已知统计法评定其强度。又知在这 8 个验收批以前，取得的同类混凝土强度数据（每组强度代表值）顺序记录如表 7.2 所示。

示例 2 中同类强度数据的顺序记录　　表 7.2

批号	1	2	3	4	5	6	7	8
强度代表值	33.0	31.0	32.0	32.5	37.0	33.5	35.2	31.0
	32.0	36.2	30.0	32.0	35.0	35.5	32.0	36.0
	35.0	34.0	36.0	33.0	33.0	31.0	34.0	32.0
批号	9	10	11	12	13	14	15	16
强度代表值	34.7	34.0	37.5	38.8	38.0	32.0	31.0	32.0
	30.5	36.0	32.0	34.0	33.0	37.0	39.0	37.0
	33.0	30.0	33.0	35.0	34.0	34.0	34.0	30.0

解题步骤如下：

(1) 标准差计算

按照标准（5.1.3）式，标准差计算结果为 2.36MPa。

取值为 2.50MPa。

(2) 计算验收界限

平均值验收界限：

$[m_{fcu}]=f_{cu,k}+0.7\times\sigma_0=30+0.7\times2.50=31.8$MPa

最小值验收界限：

$[f_{cu,k}-0.7\times\sigma_0]=00-0.7\times2.50=28.3$MPa

$[0.90\times f_{cu,k}]=0.9\times30=27.0$MPa

取上述两值中较大者作为最小值验收界限。

$[f_{cu,min}]=28.3$MPa。

(3) 检验评定

全部需要验收的混凝土实测强度代表值列于表 7.3 中。按连续三组试件强度为一批，计算每批强度平均值，并找出每批最小值（带“*”表示）。然后用计算的强度平均值和最小值与以上求出的平均值和最小值的验收界限比较，按合格条件逐批进行合格评定。评定结果列于表 7.3。

示例 2 中的 8 批数据及评定结果　　表 7.3

批号	1	2	3	4	5	6	7	8
强度代表值	34.1	29.5*	32.0	33.0	31.5*	34.5	37.0	34.5
	32.0	31.0	37.0	32.0*	33.5	33.0	32.0	30.5*
	30.0*	33.0	30.0*	36.0	34.6	29.5*	31.0*	31.6
平均值	32.0	31.2	33.0	33.7	33.2	32.3	33.3	32.2
评定结果	合格	不合格	合格	合格	合格	合格	合格	合格

7.2 标准差未知统计法评定示例

例 3：某搅拌站生产 C30 混凝土，留取标养试件 27 组，强度列于下表。请评定这批混凝土是否合格。

33.8	40.3	39.7	29.5	31.6	32.4	32.1	31.8	30.1
37.9	36.7	30.4	32.0	29.5	30.4	31.2	34.2	36.7
41.9	36.9	31.4	30.7	31.4	30.5	30.7	30.9	32.1

解答步骤如下：

（1）求批的平均值和标准差

$m_{fcu}=1/27\times(33.8+40.3+\cdots\cdots+30.9+32.1)=33.2MPa$

按标准（5.1.5）公式

$S_{fcu}=3.55MPa$。

（2）找出样本最小值

$f_{cu,min}=29.5MPa$。

（3）选定合格判定系数

$\lambda_1=0.95$

$\lambda_2=0.85$。

（4）求验收界限

平均值验收界限

$[f_{cu,k}+\lambda_1\times S_{fcu}]=30+0.95\times3.55=33.4MPa$

最小值验收界限

$[\lambda_1\times f_{cu,k}]=0.85\times30=25.5MPa$

（5）检验结果评定

平均值评定

$m_{fcu}=33.2<[f_{cu,k}+\lambda_1\times S_{fcu}]=33.4$

最小值评定

$f_{cu,min}=29.5MPa>[\lambda_1\times f_{cu,k}]=25.5$

评定结果：平均值不满足标准要求，该批混凝土判为不合格。这意味着，这批混凝土强度没有达到 C30 的强度要求（注：按 GBJ 107—87 评定合格）。

例 4：某搅拌站生产 C60 混凝土，留取标养试件 10 组，28d 标养强度列于下表。请评定这批混凝土是否合格。

59.1	60.0	67.0	63.0	62.5	58.0	69.1	65.0	63.2	65.2

采用标准差未知的统计评定方法评定该批混凝土强度。

解答步骤如下：

（1）求批的平均值和标准差

$m_{fcu}=1/10\times(59.1+60.0+\cdots\cdots+63.2+65.2)=63.2MPa$

按标准（5.1.5）公式

$S_{fcu}=3.51MPa$。

（2）找出样本最小值

$f_{cu,min}=58.0MPa$。

（3）选定合格判定系数

$\lambda_1=1.15$

$\lambda_2=0.90$。

(4) 求验收界限

平均值验收界限

$[f_{cu,k}+\lambda_1\times S_{fcu}]=60+1.15\times3.51=64.0$MPa

最小值验收界限

$[\lambda_1\times f_{cu,k}]=0.90\times60=54.0$MPa。

(5) 检验结果评定

平均值评定

$m_{fcu}=63.2<[f_{cu,k}+\lambda_1\times S_{fcu}]=64.0$

最小值评定

$f_{cu,min}=58.0\text{MPa}>[\lambda_1\times f_{cu,k}]=54.0$。

评定结果：平均值不满足标准要求，该批混凝土判为不合格。这意味着，这批混凝土强度没有达到 C60 的强度要求（注：按 GBJ 107—87 评定合格）。

例 5：取得 14 组 C30 混凝土强度数据（人为设定），请按统计方法二（标准差未知方案）进行评定。

29.5	29.5	29.5	40.0	41.0	42.0	45.0
29.5	29.5	40.0	40.0	41.0	42.0	46.0

我们暂且不讨论该数据的真实性和合理性。按统计二方法进行评定。

(1) 统计描述值如下：

标准差	平均值	最大值	最小值	极差	不合格比例
6.40	37.5	55.0	29.5	26.0	36%

(2) 求验收界限

平均值验收界限

$[f_{cu,k}+\lambda_1\times S_{fcu}]=30+1.15\times6.40=37.4$MPa

最小值验收界限

$[\lambda_1\times f_{cu,k}]=0.90\times30=27.0$MPa。

(3) 检验结果评定

平均值评定

$m_{fcu}=37.5>[f_{cu,k}+\lambda_1\times S_{fcu}]=37.4$

最小值评定

$f_{cu,min}=29.5\text{MPa}>[\lambda_1\times f_{cu,k}]=27.0$

评定结果：平均值条件和最小值条件均满足标准要求，该批混凝土判为合格。

这时会产生一个疑问：14 组数据中有 5 组达不到设计等级（占 36%）。并且没有一组数据在 30～40MP 区间。这种情况也属于质量控制相当差，相当于把 C25 与 C40 放在一起当 C30 评定，结果就合格了？

分析如下：

首先，来区分两个概念，强度保证率和强度达到等级标准值的百分率，前者是基于样本概率分布的，后者只是简单计数统计。

$$强度保证率=\Phi\left\{\frac{样本均值-标准值}{样本标准差}\right\}\quad（假如样本服从正态分布）$$

$$百分率=\frac{不小于标准值的样本个数}{总样本容量}$$

这个例子中，通过标准值（30MPa）百分率只有 64.3%，而强度保证率却为 88%。这么高的强度保证率，判定为合格是较合理的。相比较而言，对于强度等级在 C40 以下，且质量比较差（标准差大、变异系数大）的样本，原标准是比较严的。

任何抽样检验评定方法，都不可避免存在错判或漏判的概率，只是好的评定方法能降低这种概率。我们的意见稿中的理论基础，$LQ=60\%$，$AQL=95\%$，在 60%～95%之间的保证率总是存在的，那么在绝大多数情况下，较高保证率的样本通过检验的可能性大（如超过 85%），而较低保证率样本通过检验的可能性小。任何抽样检验评定方法在实际应用中，都回避不了 $AQL\sim LQ$ 之间的样本检验。

7.3　非统计法评定示例

例 6：某施工现场拌制的 C30 混凝土。从中抽取 6 组试件，强度分别为：35.0，32.7，34.6，29.3，33.0，34.1MPa。按非统计法评定该批混凝土是否合格。

解题步骤如下：

（1）计算样本均值，找出最小值

$m_{fcu}=1/6\times(35.0+\cdots\cdots+34.1)=33.1\text{MPa}$

$f_{cu,min}=29.3\text{MPa}$

（2）计算平均值和最小值的验收界限

平均值验收界限

$[m_{fcu}]=1.15f_{cu,k}=34.5\text{MPa}$

最小值验收界限

$[f_{cu,min}]=0.95f_{cu,k}=28.5\text{MPa}$。

（3）结果评定

平均值条件　$m_{fcu}<[m_{fcu}]$

最小值条件　$f_{cu,min}>[f_{cu,min}]$

评定结果表明，均值条件未满足要求，该批混凝土评为不合格。即意味着混凝土的强度没有达到 C30 的要求。

例 7：某预制构件厂生产的 C60 混凝土。从中抽取 8 组试件，强度分别为：67.2，65.4，60.9，68.3，67.8，68.5，65.0，66.6MPa。按非统计法评定该批混凝土是否合格。

解题步骤如下：

（1）计算样本均值，找出最小值

$m_{fcu}=1/8\times(67.2+\cdots\cdots+66.6)=66.2\text{MPa}$

$f_{cu,min}=60.9$MPa。

(2) 计算平均值和最小值的验收界限

平均值验收界限

$[m_{fcu}]=1.10f_{cu,k}=66.0$MPa

最小值验收界限

$[f_{cu,min}]=0.95f_{cu,k}=57.0$MPa。

(3) 结果评定

平均值条件　$m_{fcu}>[m_{fcu}]$

最小值条件　$f_{cu,min}>[f_{cu,min}]$

评定结果表明，均值条件和最小值条件均满足要求，该批混凝土评为合格。即意味着混凝土的强度达到 C60 的要求。

第八章　实例验算与验证

8.1　不同单位、不同等级的验算及验证

表 8.1 给出了根据不同单位提供的不同强度等级数据，进行的新修订方案与原标准评定结果的对比。

新旧方案评定结果对比　　表 8.1

提供单位	强度等级	强度统计结果（MPa）					评定方法	评定结果	
		n	m_f	s_f	f_{max}	f_{min}		新	旧
A	C10	11	17.7	2.82	23.6	13.6	统	合格	合格
B	C10	5	15.9	−1	16.6	14.7	非	合格	合格
B	C10	13	16.7	1.21	19.4	14.4	统	合格	合格
C	C10	4	14.4	−1	15	14.2	非	合格	合格
C	C10	41	14.6	2.3	21.9	12.1	统	合格	合格
D	C10	15	17.3	2.31	21.3	14	统	合格	合格
E	C10	19	16.3	2.16	−1	12.9	统	合格	合格
E	C10	15	16.7	1.98	−1	12.3	统	合格	合格
E	C10	4	15.4	−1	−1	13.5	非	合格	合格
E	C10	2	15.8	−1	−1	15.1	非	合格	合格
E	C10	1	19.1	−1	−1	19.1	非	合格	合格
E	C10	2	17.4	−1	−1	15.3	非	合格	合格
E	C10	3	15.7	−1	−1	13.2	非	合格	合格
A	C15	38	23.8	2.11	29.7	20.6	统	合格	合格
B	C15	5	23.2	−1	27.9	19	非	合格	合格
B	C15	28	22.1	2.33	26.7	17.6	统	合格	合格
C	C15	4	18.8	−1	19.3	18.4	非	合格	合格
C	C15	95	19.8	2.1	24.1	18	统	合格	合格
D	C15	74	22	2.09	27.2	18.9	统	合格	合格
E	C15	43	21.1	3.16	−1	14.1	统	合格	合格
E	C15	30	23.3	3.09	−1	17.8	统	合格	合格
E	C15	10	24.3	5.95	−1	16.7	统	合格	合格
E	C15	12	20.4	2.77	−1	15.5	统	合格	合格
E	C15	17	21.5	2.23	−1	18.2	统	合格	合格
E	C15	33	22.7	2.04	−1	17.5	统	合格	合格
E	C15	19	23.3	2.18	−1	18	统	合格	合格
E	C15	56	22.1	3.48	−1	16.5	统	合格	合格
F	C15	12	19.8	0.8	21.1	18.7	统	合格	合格
F	C15	18	20	1.13	23.2	18.7	统	合格	合格

续表

提供单位	强度等级	强度统计结果（MPa）					评定方法	评定结果	
		n	m_f	s_f	$f_{\max}$	$f_{\min}$		新	旧
F	C15	29	20.2	1.11	23.2	18.2	统	合格	合格
F	C15	7	19.8	−1	21.1	18.7	非	合格	合格
G	C15	12	20.9	1.77	22.6	17.2	统	合格	合格
G	C15	18	20.8	1.75	22.7	17.2	统	合格	合格
G	C15	29	20.6	1.72	23	17.2	统	合格	合格
G	C15	7	20.7	−1	22.6	17.2	非	合格	合格
B	C20	6	35.3	−1	36.7	33.8	非	合格	合格
B	C20	22	31	3.84	40.4	23.6	统	合格	合格
A	C20	20	29.4	3.51	35.1	23.6	统	合格	合格
C	C20	6	27.8	−1	28.8	25.6	非	合格	合格
C	C20	195	27.2	2.1	29.4	23.8	统	合格	合格
D	C20	119	28	2.61	32.7	22.5	统	合格	合格
E	C20	83	30	4.28	−1	21	统	合格	合格
E	C20	51	31.1	4.05	−1	21.8	统	合格	合格
E	C20	36	29.2	3.91	−1	21.3	统	合格	合格
E	C20	45	30.1	3.06	−1	22.1	统	合格	合格
E	C20	18	30.6	2.55	−1	26.2	统	合格	合格
E	C20	26	33.2	3.44	−1	26.5	统	合格	合格
E	C20	11	29.3	4.1	−1	24.5	统	合格	合格
E	C20	43	30.6	4.53	−1	23.4	统	合格	合格
F	C20	12	24.8	1.02	26.6	23.4	统	合格	合格
F	C20	18	25.3	1.28	27.5	23.4	统	合格	合格
F	C20	29	25	1.33	27.5	22.7	统	合格	合格
F	C20	7	25.3	−1	26.6	23.6	非	合格	合格
G	C20	12	28	1.5	30.7	25.6	统	合格	合格
G	C20	18	28.1	1.31	30.7	25.6	统	合格	合格
G	C20	29	27.5	1.96	30.7	23.8	统	合格	合格
G	C20	7	28.4	−1	30.7	26.7	非	合格	合格
B	C25	5	37.1	−1	38.8	32.4	非	合格	合格
B	C25	21	36.6	4.29	47.8	30.8	统	合格	合格
A	C25	106	35.3	3.49	43.7	27.6	统	合格	合格
C	C25	106	33.7	2.6	37.6	30.6	统	合格	合格
D	C25	93	32.9	2.99	38.3	27.8	统	合格	合格
H	C25	16	34.5	4.82	44	28.1	统	合格	合格
H	C25	24	34.7	4.54	48	27	统	合格	合格
H	C25	16	32.4	5.22	50.9	29.3	统	合格	合格
H	C25	28	33.3	4.03	41.4	28.4	统	合格	合格
H	C25	28	33.8	5.33	49.3	25.5	统	合格	合格
E	C25	118	35.9	3.88	−1	27.5	统	合格	合格
E	C25	142	37.9	3.19	−1	29	统	合格	合格
E	C25	139	36.1	3.47	−1	24.3	统	合格	合格

续表

提供单位	强度等级	强度统计结果（MPa）					评定方法	评定结果	
		n	m_f	s_f	$f_{\max}$	$f_{\min}$		新	旧
E	C25	149	37.3	2.87	−1	31.8	统	合格	合格
E	C25	176	37.5	3.02	−1	27.2	统	合格	合格
E	C25	156	39	3.19	−1	30.7	统	合格	合格
E	C25	52	37.4	2.82	−1	32.4	统	合格	合格
E	C25	166	38.1	4.5	−1	28.6	统	合格	合格
F	C25	12	29.3	1	30.8	27.6	统	合格	合格
F	C25	18	29	1.13	30.8	27.4	统	合格	合格
F	C25	29	29	1.06	30.8	27.4	统	合格	合格
F	C25	7	29.3	−1	26.6	23.6	非	不合格	不合格
G	C25	12	33.2	2.92	39.9	28.8	统	合格	合格
G	C25	18	32.7	2.51	39.9	28.8	统	合格	合格
G	C25	29	32.2	2.36	39.9	28.2	统	合格	合格
G	C25	7	33.1	−1	39.9	28.8	非	合格	合格
B	C30	8	44.7	−1	48	43.1	非	合格	合格
B	C30	32	40.5	1.88	46.7	37.2	统	合格	合格
A	C30	533	41.1	3.9	57.7	31.2	统	合格	合格
C	C30	7	39.1	−1	39.9	37.8	非	合格	合格
C	C30	198	39.2	2	41.3	35.6	统	合格	合格
D	C30	163	38.6	2.41	44.4	34.2	统	合格	合格
H	C30	16	43.4	4.71	54.3	39.6	统	合格	合格
H	C30	24	41.8	4.46	48.4	33.2	统	合格	合格
H	C30	24	37.3	4.91	46.8	30.2	统	合格	合格
H	C30	24	37.3	5.39	51	29.3	统	合格	合格
H	C30	24	41.5	2.25	44.6	36.4	统	合格	合格
H	C30	24	38.5	4.07	46.3	32.5	统	合格	合格
H	C30	16	35.2	4.05	43.6	30.6	统	合格	合格
E	C30	95	40.5	4.04	−1	25.4	统	不合格	不合格
E	C30	63	42.4	3.15	−1	34.7	统	合格	合格
E	C30	55	41.5	2.36	−1	36.7	统	合格	合格
E	C30	76	41.3	2.91	−1	35.4	统	合格	合格
E	C30	82	42.8	3.55	−1	33	统	合格	合格
E	C30	88	44.9	2.73	−1	37.7	统	合格	合格
E	C30	23	43.5	2.97	−1	37.8	统	合格	合格
E	C30	98	43.6	5.08	−1	29.4	统	合格	合格
J	C30	12	32.9	3.26	36.9	26.5	统	不合格	不合格
J	C30	16	30.6	2.96	38.9	27	统	不合格	不合格
J	C30	16	31.8	3.22	36.4	25.9	统	不合格	不合格
J	C30	18	30.2	1.92	33.9	26.7	统	不合格	合格
J	C30	33	32.8	3.62	37.8	25.5	统	不合格	合格
J	C30	20	33	5.08	39.9	26.5	统	不合格	不合格
J	C30	19	34.1	3.22	38.5	26.4	统	合格	合格

续表

提供单位	强度等级	强度统计结果（MPa）					评定方法	评定结果	
		n	m_f	s_f	$f_{\max}$	$f_{\min}$		新	旧
J	C30	26	33.8	3.16	43.1	28.2	统	合格	合格
J	C30	19	32.7	2.34	37.9	28.9	统	合格	合格
J	C30	26	32.3	3.5	40.4	28.1	统	不合格	不合格
J	C30	21	33.7	5.06	41.3	25.8	统	不合格	不合格
J	C30	28	31.1	2.57	37	27	统	不合格	不合格
J	C30	18	32.2	2.33	35.6	28.2	统	不合格	合格
J	C30	19	34.2	3.03	40	29.7	统	合格	合格
J	C30	26	35.1	3	40.3	26.2	统	合格	合格
J	C30	18	34.3	4.48	45.4	28.9	统	不合格	不合格
J	C30	18	34.1	3.73	41.5	30.3	统	合格	合格
J	C30	17	34.8	2.42	39.3	30.8	统	合格	合格
J	C30	23	35.5	3.9	44	29.3	统	合格	合格
J	C30	21	34.8	3.86	42.9	29.8	统	合格	合格
J	C30	15	34.6	3.1	42.4	31.1	统	合格	合格
J	C30	17	35	2.83	41.2	29.6	统	合格	合格
J	C30	33	36.2	3.01	43.7	31.5	统	合格	合格
J	C30	21	33	3.79	40.3	26.2	统	不合格	不合格
J	C30	17	33.6	4.72	43.6	27.6	统	不合格	不合格
J	C30	26	31.6	1.86	35.5	27.3	统	不合格	合格
J	C30	291	32.6	3.51	40.6	25.5	统	不合格	不合格
J	C30	252	34.4	3.58	40.8	26.2	统	合格	合格
F	C30	12	34.8	1.33	37.2	32.9	统	合格	合格
F	C30	18	34.8	1.11	37.2	32.9	统	合格	合格
F	C30	29	34.8	1.09	37.2	32.9	统	合格	合格
F	C30	7	34.1	−1	35.5	32.9	非	不合格	不合格
G	C30	12	40.2	3.46	44.7	35.7	统	合格	合格
G	C30	18	39.2	3.37	44.7	34.1	统	合格	合格
G	C30	29	38.8	2.78	44.7	34.1	统	合格	合格
G	C30	7	38.1	−1	44.4	36.2	非	合格	合格
B	C35	7	48.6	−1	55.8	43.9	非	合格	合格
B	C35	14	48.8	2.34	53.8	45.9	统	合格	合格
A	C35	722	46.9	4.58	63.2	36.8	统	合格	合格
C	C35	8	44.8		45.8	44.2	非	合格	合格
C	C35	34	45	2.1	47	44.2	统	合格	合格
D	C35	36	40.7	2.53	47.1	38.9	统	合格	合格
H	C35	8	48.4	−1	53.4	44.2	非	合格	合格
E	C35	26	46.3	4.27	−1	40.7	统	合格	合格
E	C35	16	48.1	3.08	−1	44.2	统	合格	合格
E	C35	20	44.6	2.9	−1	36.4	统	合格	合格
E	C35	20	47.4	4.22	−1	40	统	合格	合格
E	C35	37	48.4	3.5	−1	40.6	统	合格	合格

续表

提供单位	强度等级	强度统计结果（MPa）					评定方法	评定结果	
		n	m_f	s_f	$f_{\max}$	$f_{\min}$		新	旧
E	C35	42	50.3	2.35	−1	45.6	统	合格	合格
E	C35	23	47.4	2.55	−1	41.9	统	合格	合格
E	C35	28	49.7	4.4	−1	40.6	统	合格	合格
F	C35	12	39.2	0.77	40.9	38.4	统	合格	合格
F	C35	18	39.2	0.91	40.9	37.6	统	合格	合格
F	C35	29	39.1	0.91	4.09	37.5	统	合格	合格
F	C35	7	39.3	−1	40.9	38.6	非	不合格	不合格
G	C35	12	42.9	1.25	45.3	40.6	统	合格	合格
G	C35	18	42.8	1.15	45.3	40.6	统	合格	合格
G	C35	29	43.3	1.74	49.2	40.6	统	合格	合格
G	C35	7	42.7	−1	45.3	40.6	非	合格	合格
B	C40	7	55.9	−1	60.6	52	非	合格	合格
B	C40	133	52.9	4.65	62.3	29.3	统	不合格	不合格
A	C40	153	52.9	4.43	64.1	43	统	合格	合格
C	C40	201	51	2.4	53.2	48.2	统	合格	合格
D	C40	5	49.4	−1	52.3	47.4	非	合格	合格
H	C40	16	52.5	4.51	58.1	43.8	统	合格	合格
H	C40	11	50.6	5.98	58.7	40.2	统	合格	合格
E	C40	3	45.1	−1	−1	42.1	非	不合格	不合格
E	C40	3	49.7	−1	−1	48.1	非	合格	合格
E	C40	1	50	−1	−1	50	非	合格	合格
E	C40	3	50.9	−1	−1	50.6	非	合格	合格
E	C40	4	49.9	−1	−1	45.2	非	合格	合格
E	C40	7	54.6	−1	−1	49.7	非	合格	合格
E	C40	2	48.9	−1	−1	47.5	非	合格	合格
E	C40	10	53.3	5.23	−1	46.8	统	合格	合格
F	C40	12	45.1	1.43	47.3	43.3	统	合格	合格
F	C40	18	44.7	1.35	47.3	43.3	统	合格	合格
F	C40	29	44.9	1.25	47.3	43.3	统	合格	合格
F	C40	7	44.8	−1	46.9	43.3	非	不合格	不合格
G	C40	12	50	1.75	53.9	47.1	统	合格	合格
G	C40	18	49.5	1.84	53.9	45.5	统	合格	合格
G	C40	29	49.3	2.59	56.4	45	统	合格	合格
G	C40	7	50.8	−1	53.9	49.7	非	合格	合格
B	C45	7	62	−1	66.1	59.2	非	合格	合格
B	C45	12	55.7	4.14	63.2	46.9	统	合格	合格
B	C45	18	57.6	2.67	62.4	52.7	统	合格	合格
A	C45	80	58.5	4.59	69.7	47.7	统	合格	合格
C	C45	4	60.8	−1	63.2	57.9	非	合格	合格
C	C45	20	58.3	2.7	62	54.1	统	合格	合格
D	C45	11	53.2	2.65	57.1	49.2	统	合格	合格

续表

提供单位	强度等级	强度统计结果（MPa）					评定方法	评定结果	
		n	m_f	s_f	f_{max}	f_{min}		新	旧
H	C50	16	62.2	6.05	71.1	52.4	统	合格	合格
K	C50	21	55.5	5.49	64.3	44.2	统	合格	合格
K	C50	18	57.4	5.69	73.3	50	统	合格	合格
K	C50	21	59.9	4.4	70.6	49.2	统	合格	合格
K	C50	19	57.2	3.42	64	52.2	统	合格	合格
K	C50	18	60.2	4.19	69.2	54.3	统	合格	合格
K	C50	17	60.3	4.31	67.8	51.9	统	合格	合格
K	C50	18	60	4.77	70.2	52.8	统	合格	合格
K	C50	17	59.6	6.22	69.2	47.9	统	合格	合格
K	C50	20	58.6	4.83	69.9	51.5	统	合格	合格
K	C50	17	59.4	5.66	70.1	51.4	统	合格	合格
K	C50	97	58	4.99	73.3	44.2	统	合格	合格
K	C50	89	59.6	5.1	70.2	47.9	统	合格	合格
C	C50	9	62.2	−1	63.5	60.1	非	合格	合格
C	C50	178	63.6	3	64.3	60.4	统	合格	合格
D	C50	15	58	3.28	64.6	52.9	统	合格	合格
A	C50	54	63.6	4.85	72	51.6	统	合格	合格
B	C50	4	67.1	−1	76.6	63.1	非	合格	合格
B	C50	7	61	−1	65.2	58.1	非	合格	合格
B	C50	26	61.1	5.28	71.3	52.1	统	合格	合格
B	C50	26	65.5	5.17	76.6	55.4	统	合格	合格
F	C50	12	55.1	1.25	57	52.7	统	合格	合格
F	C50	18	55	1.15	57	52.7	统	合格	合格
F	C50	29	54.9	1.12	57	52.7	统	合格	合格
F	C50	7	55.3	−1	46.9	43.3	非	不合格	不合格
G	C50	12	60.8	3.1	66	57.5	统	合格	合格
G	C50	18	60.9	3.44	67.8	57.3	统	合格	合格
G	C50	29	60.8	3	67.8	57.3	统	合格	合格
G	C50	7	61.5	−1	67.9	57.9	非	合格	合格
B	C55	5	64.2	−1	68.3	59	非	合格	合格
B	C55	26	61.1	5.28	71.3	52.1	统	合格	合格
A	C55	15	73.1	3.62	80.3	65.5	统	合格	合格
D	C55	3	63.8	−1	67.9	59.4	非	合格	合格
H	C60	8	69.7	−1	72.9	62.4	非	合格	合格
D	C60	8	73.7	−1	77.6	69.2	非	合格	合格
K	C60	54	74.5	5.64	87.1	65.4	统	合格	合格
A	C60	94	74.3	4.55	84.2	64.7	统	合格	合格
A	C60	12	63.2	1.11	65.3	62		合格	合格
F	C60	12	63.2	3.6	65.3	62	统	不合格	合格
F	C60	12	63.2	2.5	65.3	62		合格	合格
F	C60	18	63.2	1.85	68.7	62	统	不合格	不合格

续表

提供单位	强度等级	强度统计结果（MPa）					评定方法	评定结果	
		n	m_f	s_f	$f_{\max}$	$f_{\min}$		新	旧
F	C60	18	64.1	3.6	68.7	62	统	合格	合格
F	C60	18		2.5	68.7	62	统	不合格	不合格
F	C60	29	64.3	1.98	68.7	62	统	合格	合格
F	C60	29	64.3	3.6	68.7	62	统	合格	合格
F	C60	29	64.3	2.5	68.7	62	统	合格	合格
F	C60	7	62.7	−1	64.1	62	非	不合格	不合格
G	C60	12	72	2.17	75.2	67.7	统	合格	合格
G	C60	12	72	3.6	75.2	67.7	统	合格	合格
G	C60	12	72	2.5	75.2	67.7	统	合格	合格
G	C60	18	71.7	2.12	75.2	67.7	统	合格	合格
G	C60	18	71.7	3.6	75.2	67.7	统	合格	合格
G	C60	18	71.7	2.5	75.2	67.7	统	合格	合格
G	C60	29	71.5	1.96	75.2	67.7	统	合格	合格
G	C60	29	71.5	3.6	75.2	67.7	统	合格	合格
G	C60	29	71.5	2.5	75.2	67.7	统	合格	合格
G	C60	7	72	−1	75.2	67.7	非	合格	合格
B	C60	20	70.5	2.62	73.8	62.2	统	合格	合格
A	C65	19	79.8	5.61	91.5	72.4	统	合格	合格
A	C70	19	83.5	5.09	92.9	74.6	统	合格	合格
K	C80	105	95.9	6.9	113.5	82.2	统	合格	合格
K	C80	16	98.7	3.63	102.5	91.1	统	合格	合格
K	C80	16	98.7	4.8	102.5	91.1	统	合格	合格
A	C80	49	94.4	4.65	107.4	87.8	统	合格	合格
A	C80	49	94.4	4.8	107.4	87.8	统	合格	合格
A	C80	190	95.4	6.78	120	83.3	统	合格	合格
L	C80	10	106.2	5.46	113.6	96.1	统	合格	合格
L	C80	10	98.8	1.8	101.4	94.6	统	合格	合格
L	C80	10	98.8	4.8	101.4	94.6	统	合格	合格
L	C80	10	98.8	2.5	101.4	94.6	统	合格	合格
L	C80	20	102.5	5.47	113.6	94.6	统	合格	合格
B	C80	29	94.1	13.21	119.6	68.4	统	合格	合格
K	C100	33	115.9	4.43	124.2	105.2	统	合格	合格
K	C100	33	114.5	6	124.2	105.2	统	合格	合格
K	C100	16	114.5	4.53	124	105.7	统	合格	合格
K	C100	16	114.5	6	124	105.7	统	合格	合格
K	C100	144	119.1	4	128	108.8	统	合格	合格

8.2　同一单位不同等级的验收比较

某公司下属 A、B 两家混凝土公司的 C15 至 C60 抗压强度数据，通过对随机抽样进行对比，具体情况如下：

1. 统计方法

（1）新的统计方法验收要求有所提高，接收要求平均提高了 2～3MPa。

（2）混凝土强度离散性比较小（即 S_{fcu} 值较小）的情况下能通过验收的概率比较大，这样对控制混凝土强度的均匀性有一定的促进作用。

（3）本人认为统计方法中的 λ_1、λ_2 系数定值是可行的、合理的，对保障用户利益、保证工程质量、减少使用方风险有着积极作用。

（4）在确定 λ_1、λ_2 系数定值时，建议多考虑 S_{fcu} 值比较大时的情况，因为混凝土本身是非均质性材料，它涉及材料、制作、人员等多个环节，特别是在施工现场制作的混凝土试块强度一般情况下往往是离散性很大的。

2. 非统计方法

（1）新的非统计方法，当混凝土的强度等级小于 C60 时，新、旧标准的验收要求相同，合格判定相同。

（2）当混凝土强度大于 C60 时，平均值、最小值接收要求均有所降低，降低幅度在 2～3MPa 之间，它随混凝土强度等级的提高显得更为明显。

（3）由于混凝土强度的富余量不同，强度评定结果也不同，A 公司在非统计方法出现了原评定不合格而新方法却合格现象，而 B 公司由于富余量比较大，在非统计方法评定中，未出现评定不合格现象。

附件一：

A 混凝土有限公司

混凝土强度评定方法比较（统计方法）

GBJ 107—87				GB 50107—2010			
$m_{fcu}-\lambda_1 S_{fcu}\geqslant 0.9f_{cu,k}$；$f_{cu,min}\geqslant\lambda_2 f_{cu,k}$ 注：当 S_{fcu} 的计算值小于 $0.06f_{cu,k}$ 时，取 $S_{fcu}=0.06f_{cu,k}$				$m_{fcu}-\lambda_1 S_{fcu}\geqslant f_{cu,k}$；$f_{cu,min}\geqslant\lambda_2 f_{cu,k}$ 注：当 S_{fcu} 的计算值不应小于 2.5N/mm²			
试件组数	10～14	15～24	≥25	试件组数	10～14	15～19	≥20
λ_1	1.70	1.65	1.60	λ_1	1.15	1.05	0.95
λ_2	0.90	0.85		λ_2	0.90	0.85	

1. C15 混凝土

（1）组数：12 组

21.1	18.7	20.6	19.6	19.6	19.5	19.4	19.6	21.1	20.0	19.3	18.7						

按 GBJ 107—87 评定				按 GB 50107—2010 评定			
评定条件	19.8−1.70×0.9=18.3≥0.9×15=13.5 18.7≥0.9×15=13.5	评定结果	合格	评定条件	19.8−1.15×2.5=16.9≥15.0 18.7≥0.9×15=13.5	评定结果	合格

（2）组数：18 组

21.1	18.7	20.6	19.6	19.6	19.5	19.4	19.6	21.1	20.0	19.3	18.7	20.2	21.2	23.2	18.8	20.1	19.2

按 GBJ 107—87 评定				按 GB 50107—2010 评定			
评定条件	20.0−1.65×1.13=18.1≥0.9×15=13.5 18.7≥0.85×15=12.8	评定结果	合格	评定条件	20.0−1.05×2.5=17.4≥15.0 18.7≥0.85×15=12.8	评定结果	合格

（3）组数：29 组

<table>
<tr><td>21.1</td><td>18.7</td><td>20.6</td><td>19.6</td><td>19.6</td><td>19.5</td><td>19.4</td><td>19.6</td><td>21.1</td><td>20.0</td><td>19.3</td><td>18.7</td><td>20.2</td><td>21.2</td><td>23.2</td><td>18.8</td><td>20.1</td><td>19.2</td></tr>
<tr><td>21.4</td><td>20.2</td><td>20.6</td><td>21.6</td><td>21.0</td><td>20.8</td><td>19.9</td><td>18.2</td><td>21.1</td><td>19.4</td><td>21.6</td><td></td><td></td><td></td><td></td><td></td><td></td><td></td></tr>
<tr><td colspan="9">按 GBJ 107—87 评定</td><td colspan="9">按 GB 50107—2010 评定</td></tr>
<tr><td>评定条件</td><td colspan="6">20.2－1.60×1.11＝18.4≥0.9×15＝13.5
18.7≥0.85×15＝12.8</td><td>评定结果</td><td>合格</td><td>评定条件</td><td colspan="6">20.2－0.95×2.5＝17.8≥15.0
18.7≥0.85×15＝12.8</td><td>评定结果</td><td>合格</td></tr>
</table>

2. C20 混凝土

（1）组数：12 组

<table>
<tr><td>26.2</td><td>24.4</td><td>25.5</td><td>26.6</td><td>25.1</td><td>25.8</td><td>23.6</td><td>24.5</td><td>24.3</td><td>24.9</td><td>23.4</td><td>23.9</td><td></td><td></td><td></td><td></td><td></td><td></td></tr>
<tr><td colspan="9">按 GBJ 107—87 评定</td><td colspan="9">按 GB 50107—2010 评定</td></tr>
<tr><td>评定条件</td><td colspan="6">24.8－1.70×1.2＝22.8≥0.9×20＝18.0
23.4≥0.9×20＝18.0</td><td>评定结果</td><td>合格</td><td>评定条件</td><td colspan="6">24.8－1.15×2.5＝21.9≥20.0
23.4≥0.9×20＝18.0</td><td>评定结果</td><td>合格</td></tr>
</table>

（2）组数：18 组

<table>
<tr><td>26.2</td><td>24.4</td><td>25.5</td><td>26.6</td><td>25.1</td><td>25.8</td><td>23.6</td><td>24.5</td><td>24.3</td><td>24.9</td><td>23.4</td><td>23.9</td><td>25.8</td><td>26.8</td><td>25.5</td><td>27.4</td><td>23.9</td><td>27.5</td></tr>
<tr><td colspan="9">按 GBJ 107—87 评定</td><td colspan="9">按 GB 50107—2010 评定</td></tr>
<tr><td>评定条件</td><td colspan="6">25.3－1.65×1.28＝23.2≥0.9×20＝18.0
23.4≥0.85×20＝17.0</td><td>评定结果</td><td>合格</td><td>评定条件</td><td colspan="6">25.3－1.05×2.5＝22.7≥20.0
23.4≥0.85×20＝17.0</td><td>评定结果</td><td>合格</td></tr>
</table>

（3）组数：29 组

<table>
<tr><td>26.2</td><td>24.4</td><td>25.5</td><td>26.6</td><td>25.1</td><td>25.8</td><td>23.6</td><td>24.5</td><td>24.3</td><td>24.9</td><td>23.4</td><td>23.9</td><td>25.8</td><td>26.8</td><td>25.5</td><td>27.4</td><td>23.9</td><td>27.5</td></tr>
<tr><td>25.6</td><td>22.9</td><td>23.2</td><td>22.7</td><td>24.4</td><td>24.2</td><td>25.0</td><td>24.4</td><td>24.1</td><td>27.1</td><td>25.9</td><td></td><td></td><td></td><td></td><td></td><td></td><td></td></tr>
<tr><td colspan="9">按 GBJ 107—87 评定</td><td colspan="9">按 GB 50107—2010 评定</td></tr>
<tr><td>评定条件</td><td colspan="6">25.0－1.60×1.33＝22.9≥0.9×20＝18.0
22.7≥0.85×20＝17.0</td><td>评定结果</td><td>合格</td><td>评定条件</td><td colspan="6">25.0－0.95×2.5＝22.6≥20.0
22.7≥0.85×20＝17.0</td><td>评定结果</td><td>合格</td></tr>
</table>

3. C25 混凝土

（1）组数：12 组

<table>
<tr><td>30.4</td><td>28.2</td><td>30.0</td><td>27.6</td><td>30.2</td><td>29.4</td><td>29.0</td><td>30.1</td><td>30.8</td><td>29.4</td><td>28.7</td><td>28.2</td><td></td><td></td><td></td><td></td><td></td><td></td></tr>
<tr><td colspan="9">按 GBJ 107—87 评定</td><td colspan="9">按 GB 50107—2010 评定</td></tr>
<tr><td>评定条件</td><td colspan="6">29.3－1.70×1.5＝26.8≥0.9×25＝22.5
27.6≥0.90×25＝22.5</td><td>评定结果</td><td>合格</td><td>评定条件</td><td colspan="6">29.3－1.15×2.5＝26.4≥25.0
27.6≥0.90×25＝22.5</td><td>评定结果</td><td>合格</td></tr>
</table>

（2）组数：18 组

<table>
<tr><td>30.4</td><td>28.2</td><td>30.0</td><td>27.6</td><td>30.2</td><td>29.4</td><td>29.0</td><td>30.1</td><td>30.8</td><td>29.4</td><td>28.7</td><td>28.2</td><td>28.2</td><td>28.8</td><td>27.4</td><td>28.2</td><td>27.5</td><td>30.8</td></tr>
<tr><td colspan="9">按 GB J107—87 评定</td><td colspan="9">按 GB 50107—2010 评定</td></tr>
<tr><td>评定条件</td><td colspan="6">29.0－1.65×1.5＝26.5≥0.9×25＝22.5
27.4≥0.85×25＝21.2</td><td>评定结果</td><td>合格</td><td>评定条件</td><td colspan="6">29.0－1.05×2.5＝26.4≥25.0
27.4≥0.85×25＝21.2</td><td>评定结果</td><td>合格</td></tr>
</table>

（3）组数：29 组

30.4	28.2	30.0	27.6	30.2	29.4	29.0	30.1	30.8	29.4	28.7	28.2	28.2	28.8	27.4	28.2	27.5	30.8
29.5	28.5	28.8	27.6	28.6	27.9	27.4	29.4	29.9	30.5	29.4							
按 GBJ 107—87 评定									按 GB 50107—2010 评定								
评定条件	29.0−1.60×1.5=26.6≥0.9×25=22.5 27.4≥0.85×25=21.2						评定结果	合格	评定条件	29.0−0.95×2.5=26.6≥25.0 27.4≥0.85×25=21.2						评定结果	合格

4. C30 混凝土

（1）组数：12 组

35.5	34.3	32.9	35.3	33.3	34.5	33.0	34.6	37.2	34.9	35.2	36.6						
按 GBJ 107—87 评定									按 GB 50107—2010 评定								
评定条件	34.8−1.70×1.8=31.7≥0.9×30=27.0 32.9≥0.90×30=27.0						评定结果	合格	评定条件	34.8−1.15×2.5=31.9≥30.0 32.9≥0.90×30=27.0						评定结果	合格

（2）组数：18 组

35.5	34.3	32.9	35.3	33.3	34.5	33.0	34.6	37.2	34.9	35.2	36.6	35.2	35.0	35.2	35.8	34.4	34.4
按 GBJ 107—87 评定									按 GB 50107—2010 评定								
评定条件	34.8−1.65×1.8=31.8≥0.9×30=27.0 32.9≥0.85×30=25.5						评定结果	合格	评定条件	34.8−1.05×2.5=32.2≥30.0 32.9≥0.85×30=25.5						评定结果	合格

（3）组数：29 组

35.5	34.3	32.9	35.3	33.3	34.5	33.0	34.6	37.2	34.9	35.2	36.6	35.2	35.0	35.2	35.8	34.4	34.4
36.9	33.5	36.0	34.1	34.5	34.2	35.0	33.3	35.6	34.9	34.0							
按 GBJ 107—87 评定									按 GB 50107—2010 评定								
评定条件	34.8−1.60×1.8=31.9≥0.9×30=27 32.9≥0.85×30=25.5						评定结果	合格	评定条件	34.8−0.95×2.5=32.4≥30 32.9≥0.85×30=25.5						评定结果	合格

5. C35 混凝土

（1）组数：12 组

40.9	39.1	39.0	38.6	38.7	38.9	39.6	38.4	38.7	39.3	40.4	38.6						
按 GBJ 107—87 评定									按 GB 50107—2010 评定								
评定条件	39.2−1.70×2.1=35.6≥0.9×35=31.5 38.4≥0.90×35=31.5						评定结果	合格	评定条件	39.2−1.15×2.5=36.3≥35.0 38.4≥0.90×35=31.5						评定结果	合格

（2）组数：18 组

40.9	39.1	39.0	38.6	38.7	38.9	39.6	38.4	38.7	39.3	40.4	38.6	40.3	38.7	38.9	37.6	38.4	40.9
按 GBJ 107—87 评定									按 GB 50107—2010 评定								
评定条件	39.2−1.65×2.1=35.7≥0.9×35=31.5 37.6≥0.85×35=29.8						评定结果	合格	评定条件	39.2−1.05×2.5=36.6≥35.0 37.6≥0.85×35=29.8						评定结果	合格

（3）组数：29 组

40.9	39.1	39.0	38.6	38.7	38.9	39.6	38.4	38.7	39.3	40.4	38.6	40.3	38.7	38.9	37.6	38.4	40.9
38.1	39.3	40.2	37.5	39.6	38.8	38.4	39.8	38.8	38.7	40.8							
按 GBJ 107—87 评定									按 GB 50107—2010 评定								
评定条件	39.1−1.60×2.1=35.7≥0.9×35=31.5 37.5≥0.85×35=29.8						评定结果	合格	评定条件	39.1−0.95×2.5=36.7≥35.0 37.5≥0.85×35=29.8						评定结果	合格

6. C40 混凝土

（1）组数：12 组

44.0	46.9	46.2	44.4	43.3	45.1	43.8	47.2	47.3	44.6	43.9	44.5						
按 GBJ 107—87 评定									按 GB 50107—2010 评定								
评定条件	45.1−1.70×2.4=41.0≥0.9×40=36.0 43.3≥0.90×40=36.0						评定结果	合格	评定条件	45.1−1.15×2.5=42.2≥40.0 43.3≥0.90×40=36.0						评定结果	合格

（2）组数：18 组

44.0	46.9	46.2	44.4	43.3	45.1	43.8	47.2	47.3	44.6	43.9	44.5	43.6	43.6	43.8	44.7	44.8	42.9
按 GBJ 107—87 评定									按 GB 50107—2010 评定								
评定条件	44.7−1.65×2.4=40.7≥0.9×40=36.0 42.9≥0.85×40=34.0						评定结果	合格	评定条件	44.7−1.05×2.5=42.1≥40.0 42.9≥0.85×40=34.0						评定结果	合格

（3）组数：29 组

44.0	46.9	46.2	44.4	43.3	45.1	43.8	47.2	47.3	44.6	43.9	44.5	43.6	43.6	43.8	44.7	44.8	42.9
44.1	43.4	44.6	46.0	46.5	45.3	46.6	45.4	44.0	46.0	44.6							
按 GBJ 107—87 评定									按 GB 50107—2010 评定								
评定条件	44.9−1.60×2.4=41.1≥0.9×40=36.0 42.9≥0.85×40=34.0						评定结果	合格	评定条件	44.9−0.95×2.5=42.5≥40.0 42.9≥0.85×40=34.0						评定结果	合格

7. C50 混凝土

（1）组数：12 组

54.0	54.1	55.9	55.8	55.4	57.0	55.1	52.7	54.6	56.1	54.3	56.7						
按 GBJ 107—87 评定									按 GB 50107—2010 评定								
评定条件	55.1−1.70×3.0=50.0≥0.9×50=45.0 52.7≥0.90×50=45.0						评定结果	合格	评定条件	55.1−1.15×2.5=52.2≥50.0 52.7≥0.90×50=45.0						评定结果	合格

（2）组数：18 组

54.0	54.1	55.9	55.8	55.4	57.0	55.1	52.7	54.6	56.1	54.3	56.7	54.2	54.5	56.0	55.4	53.5	54.0
按 GBJ 107—87 评定									按 GB 50107—2010 评定								
评定条件	55.1−1.65×3.0=50.2≥0.9×50=45.0 52.7≥0.85×50=42.5						评定结果	合格	评定条件	55.1−1.05×2.5=52.5≥50.0 52.7≥0.85×50=42.5						评定结果	合格

（3）组数：29 组

54.0	54.1	55.9	55.8	55.4	57.0	55.1	52.7	54.6	56.1	54.3	56.7	54.2	54.5	56.0	55.4	53.5	54.0
55.8	54.3	54.0	55.3	54.7	53.3	55.6	56.9	53.6	54.0	55.5							

按 GBJ 107—87 评定				按 GB 50107—2010 评定			
评定条件	54.9−1.60×3.0＝50.1≥0.9×50＝45 52.7≥0.85×50＝42.5	评定结果	合格	评定条件	54.9−0.95×2.5＝52.5≥50.0 52.7≥0.85×50＝42.5	评定结果	合格

8. C60 混凝土

（1）组数：12 组

62.2	62.7	62.3	62.0	63.4	62.3	64.1	65.3	64.9	63.5	62.4	63.9						

按 GBJ 107—87 评定				按 GB 50107—2010 评定			
评定条件	63.2−1.70×3.6＝57.1≥0.9×60＝54 62.0≥0.90×60＝54.0	评定结果	合格	评定条件	63.2−1.15×2.5＝60.5≥60.0 62.0≥0.90×60＝54.0	评定结果	合格

（2）组数：18 组

62.2	62.7	62.3	62.0	63.4	62.3	64.1	65.3	64.9	63.5	62.4	63.9	64.2	66.4	65.2	63.6	66.9	68.7

按 GBJ 107—87 评定				按 GB 50107—2010 评定			
评定条件	64.1−1.65×3.6＝58.2≥0.9×60＝54 62.0≥0.85×60＝51.0	评定结果	合格	评定条件	64.1−1.05×2.5＝61.5≥60.0 62.0≥0.85×60＝51.0	评定结果	合格

（3）组数：29 组

62.2	62.7	62.3	62.0	63.4	62.3	64.1	65.3	64.9	63.5	62.4	63.9	64.2	66.4	65.2	63.6	66.9	68.7
67.8	65.0	67.7	64.9	64.4	64.3	64.4	65.3	60.0	63.0	62.8							

按 GBJ 107—87 评定				按 GB 50107—2010 评定			
评定条件	64.3−1.60×3.6＝58.5≥0.9×60＝54.0 60.0≥0.85×60＝51.0	评定结果	合格	评定条件	64.3−0.95×2.5＝61.9≥60.0 60.0≥0.85×60＝51.0	评定结果	合格

A 混凝土有限公司

混凝土强度评定方法比较（非统计方法）

GBJ 107—87				GB 50107—2010		
$m_{fcu} \geqslant 1.15 f_{cu,k}$；$f_{cu,min} \geqslant 0.95 f_{cu,k}$				$m_{fcu} \geqslant \lambda_1 f_{cu,k}$；$f_{cu,min} \geqslant \lambda_2 f_{cu,k}$		
				试件组数	＜C60	≥C60
				λ_1	1.15	1.10
				λ_2	0.95	

1. C15 混凝土

组数：7 组

21.1	18.7	20.6	19.6	19.6	19.5	19.4											

按 GBJ 107—87 评定				按 GB 50107—2010 评定			
评定条件	19.8≥1.15×15＝17.2 18.7≥0.95×15＝14.2	评定结果	合格	评定条件	19.8≥1.15×15＝17.2 18.7≥0.95×15＝14.2	评定结果	合格

2. C20 混凝土

组数：7 组

26.2	24.4	25.5	26.6	25.1	25.8	23.6

按 GBJ 107—87 评定				按 GB 50107—2010 评定			
评定条件	25.3≥1.15×20=23.0 23.6≥0.95×20=19.0	评定结果	合格	评定条件	25.3≥1.15×20=23.0 23.6≥0.95×20=19.0	评定结果	合格

3. C25 混凝土

组数：7 组

30.4	28.2	30.0	27.6	30.2	29.4	29.0

按 GBJ 107—87 评定				按 GB 50107—2010 评定			
评定条件	29.3≥1.15×25=28.8 27.6≥0.95×25=23.8	评定结果	合格	评定条件	29.3≥1.15×25=28.8 27.6≥0.95×25=23.8	评定结果	合格

4. C30 混凝土

组数：7 组

35.5	34.3	32.9	35.3	33.3	34.5	33.0

按 GBJ 107—87 评定				按 GB 50107—2010 评定			
评定条件	34.1<1.15×30=34.5 32.9≥0.95×30=28.5	评定结果	不合格	评定条件	34.1<1.15×30=34.5 32.9≥0.95×30=28.5	评定结果	不合格

5. C35 混凝土

组数：7 组

40.9	39.1	39.0	38.6	38.7	38.9	39.6

按 GBJ 107—87 评定				按 GB 50107—2010 评定			
评定条件	39.3<1.15×35=40.2 38.6≥0.95×35=33.2	评定结果	不合格	评定条件	39.3<1.15×35=40.2 38.6≥0.95×35=33.2	评定结果	不合格

6. C40 混凝土

组数：7 组

44.0	46.9	46.2	44.4	43.3	45.1	43.8

按 GBJ 107—87 评定				按 GB 50107—2010 评定			
评定条件	44.8<1.15×40=46.0 43.3≥0.95×40=38.0	评定结果	不合格	评定条件	44.8<1.15×40=46.0 43.3≥0.95×40=38.0	评定结果	不合格

7. C50 混凝土

组数：7 组

54.0	54.1	55.9	55.8	55.4	57.0	55.1

按 GBJ 107—87 评定				按 GB 50107—2010 评定			
评定条件	55.3<1.15×50=57.5 54.0≥0.95×50=47.5	评定结果	不合格	评定条件	55.3<1.15×50=57.5 54.0≥0.90×50=45.0	评定结果	不合格

8. C60 混凝土

组数：7 组

62.2	62.7	62.3	62.0	63.4	62.3	64.1											

按 GBJ 107—87 评定				按 GB 50107—2010 评定			
评定条件	62.7<1.15×60=69.0 62.0≥0.95×60=57.0	评定结果	不合格	评定条件	62.7<1.10×60=66.0 62.0≥0.90×60=54.0	评定结果	不合格

附件二：

B 混凝土有限公司

混凝土强度评定方法比较

GBJ 107—87				GB 50107—2010			
$m_{fcu}-\lambda_1 S_{fcu}\geqslant 0.9f_{cu,k}$；$f_{cu,min}\geqslant\lambda_2 f_{cu,k}$ 注：当 S_{fcu} 的计算值小于 $0.06f_{cu,k}$ 时，取 $S_{fcu}=0.06f_{cu,k}$				$m_{fcu}-\lambda_1 S_{fcu}\geqslant f_{cu,k}$；$f_{cu,min}\geqslant\lambda_2 f_{cu,k}$ 注：当 S_{fcu} 的计算值不应小于 $2.5N/mm^2$			
试件组数	10～14	15～24	≥25	试件组数	10～14	15～19	≥20
λ_1	1.70	1.65	1.60	λ_1	1.15	1.05	0.95
λ_2	0.90	0.85		λ_2	0.90	0.85	

1. C15 混凝土

（1）组数：12 组

17.9	20.4	22.2	22.3	22.3	17.2	22.6	21.4	22.1	20.2	21.6	20.3						

按 GBJ 107—87 评定				按 GB 50107—2010 评定			
评定条件	$m_{fcu}-\lambda_1 S_{fcu}\geqslant 0.9f_{cu,k}$ $f_{cu,min}\geqslant\lambda_2 f_{cu,k}$	评定结果	合格	评定条件	$m_{fcu}-\lambda_1 S_{fcu}\geqslant f_{cu,k}$ $f_{cu,min}\geqslant\lambda_2 f_{cu,k}$	评定结果	合格

（2）组数：18 组

17.9	20.4	22.2	22.3	22.3	17.2	22.6	21.4	22.1	20.2	21.6	20.3	17.8	22.7	21.8	19.5	22.3	20.3

按 GBJ 107—87 评定				按 GB 50107—2010 评定			
评定条件	$m_{fcu}-\lambda_1 S_{fcu}\geqslant 0.9f_{cu,k}$ $f_{cu,min}\geqslant\lambda_2 f_{cu,k}$	评定结果	合格	评定条件	$m_{fcu}-\lambda_1 S_{fcu}\geqslant f_{cu,k}$ $f_{cu,min}\geqslant\lambda_2 f_{cu,k}$	评定结果	合格

（3）组数：29 组

17.9	20.4	22.2	22.3	22.3	17.2	22.6	21.4	22.1	20.2	21.6	20.3	17.8	22.7	21.8	19.5	22.3	20.3
21.8	21.8	20.0	18.9	22.4	19.0	23.0	18.5	18.0	19.9	20.9							

按 GBJ 107—87 评定				按 GB 50107—2010 评定			
评定条件	$m_{fcu}-\lambda_1 S_{fcu}\geqslant 0.9f_{cu,k}$ $f_{cu,min}\geqslant\lambda_2 f_{cu,k}$	评定结果	合格	评定条件	$m_{fcu}-\lambda_1 S_{fcu}\geqslant f_{cu,k}$ $f_{cu,min}\geqslant\lambda_2 f_{cu,k}$	评定结果	合格

2. C20 混凝土

（1）组数：12 组

30.5	30.7	27.9	26.7	28.7	27.5	27.1	29.0	27.0	28.0	27.6	25.6						
按 GBJ 107—87 评定									按 GB 50107—2010 评定								
评定条件	$m_{fcu}-\lambda_1 S_{fcu}\geq 0.9f_{cu,k}$ $f_{cu,min}\geq\lambda_2 f_{cu,k}$						评定结果	合格	评定条件	$m_{fcu}-\lambda_1 S_{fcu}\geq f_{cu,k}$ $f_{cu,min}\geq\lambda_2 f_{cu,k}$						评定结果	合格

（2）组数：18 组

30.5	30.7	27.9	26.7	28.7	27.5	27.1	29.0	27.0	28.0	27.6	25.6	27.0	28.9	27.0	28.7	28.0	29.1
按 GBJ 107—87 评定									按 GB 50107—2010 评定								
评定条件	$m_{fcu}-\lambda_1 S_{fcu}\geq 0.9f_{cu,k}$ $f_{cu,min}\geq\lambda_2 f_{cu,k}$						评定结果	合格	评定条件	$m_{fcu}-\lambda_1 S_{fcu}\geq f_{cu,k}$ $f_{cu,min}\geq\lambda_2 f_{cu,k}$						评定结果	合格

（3）组数：29 组

30.5	30.7	27.9	26.7	28.7	27.5	27.1	29.0	27.0	28.0	27.6	25.6	27.0	28.9	27.0	28.7	28.0	29.1
24.4	23.8	24.0	24.5	30.6	28.4	26.1	29.5	28.1	28.8	24.4							
按 GBJ 107—87 评定									按 GB 50107—2010 评定								
评定条件	$m_{fcu}-\lambda_1 S_{fcu}\geq 0.9f_{cu,k}$ $f_{cu,min}\geq\lambda_2 f_{cu,k}$						评定结果	合格	评定条件	$m_{fcu}-\lambda_1 S_{fcu}\geq f_{cu,k}$ $f_{cu,min}\geq\lambda_2 f_{cu,k}$						评定结果	合格

3. C25 混凝土

（1）组数：12 组

34.5	28.8	32.5	39.9	31.8	33.6	30.9	30.5	36.0	31.3	34.4	33.6						
按 GBJ 107—87 评定									按 GB 50107—2010 评定								
评定条件	$m_{fcu}-\lambda_1 S_{fcu}\geq 0.9f_{cu,k}$ $f_{cu,min}\geq\lambda_2 f_{cu,k}$						评定结果	合格	评定条件	$m_{fcu}-\lambda_1 S_{fcu}\geq f_{cu,k}$ $f_{cu,min}\geq\lambda_2 f_{cu,k}$						评定结果	合格

（2）组数：18 组

34.5	28.8	32.5	39.9	31.8	33.6	30.9	30.5	36.0	31.3	34.4	33.6	33.1	32.9	31.9	30.1	30.9	32.7
按 GBJ 107—87 评定									按 GB 50107—2010 评定								
评定条件	$m_{fcu}-\lambda_1 S_{fcu}\geq 0.9f_{cu,k}$ $f_{cu,min}\geq\lambda_2 f_{cu,k}$						评定结果	合格	评定条件	$m_{fcu}-\lambda_1 S_{fcu}\geq f_{cu,k}$ $f_{cu,min}\geq\lambda_2 f_{cu,k}$						评定结果	合格

（3）组数：29 组

34.5	28.8	32.5	39.9	31.8	33.6	30.9	30.5	36.0	31.3	34.4	33.6	33.1	32.9	31.9	30.1	30.9	32.7
28.2	29.6	30.3	31.5	29.5	31.1	33.5	32.5	31.3	33.5	34.0							
按 GBJ 107—87 评定									按 GB 50107—2010 评定								
评定条件	$m_{fcu}-\lambda_1 S_{fcu}\geq 0.9f_{cu,k}$ $f_{cu,min}\geq\lambda_2 f_{cu,k}$						评定结果	合格	评定条件	$m_{fcu}-\lambda_1 S_{fcu}\geq f_{cu,k}$ $f_{cu,min}\geq\lambda_2 f_{cu,k}$						评定结果	合格

4. C30 混凝土

（1）组数：12 组

36.2	35.7	38.3	38.4	37.2	36.5	44.4	43.4	42.7	44.7	43.2	42.0						

按 GBJ 107—87 评定				按 GB 50107—2010 评定			
评定条件	$m_{fcu}-\lambda_1 S_{fcu}\geqslant 0.9f_{cu,k}$ $f_{cu,min}\geqslant\lambda_2 f_{cu,k}$	评定结果	合格	评定条件	$m_{fcu}-\lambda_1 S_{fcu}\geqslant f_{cu,k}$ $f_{cu,min}\geqslant\lambda_2 f_{cu,k}$	评定结果	合格

（2）组数：18 组

36.2	35.7	38.3	38.4	37.2	36.5	44.4	43.4	42.7	44.7	43.2	42.0	34.1	34.9	38.7	37.3	38.5	39.0

按 GBJ 107—87 评定				按 GB 50107—2010 评定			
评定条件	$m_{fcu}-\lambda_1 S_{fcu}\geqslant 0.9f_{cu,k}$ $f_{cu,min}\geqslant\lambda_2 f_{cu,k}$	评定结果	合格	评定条件	$m_{fcu}-\lambda_1 S_{fcu}\geqslant f_{cu,k}$ $f_{cu,min}\geqslant\lambda_2 f_{cu,k}$	评定结果	合格

（3）组数：29 组

36.2	35.7	38.3	38.4	37.2	36.5	44.4	43.4	42.7	44.7	43.2	42.0	34.1	34.9	38.7	37.3	38.5	39.0
36.6	38.9	37.7	37.7	40.2	36.5	39.4	38.5	37.8	36.4	38.9							

按 GBJ 107—87 评定				按 GB 50107—2010 评定			
评定条件	$m_{fcu}-\lambda_1 S_{fcu}\geqslant 0.9f_{cu,k}$ $f_{cu,min}\geqslant\lambda_2 f_{cu,k}$	评定结果	合格	评定条件	$m_{fcu}-\lambda_1 S_{fcu}\geqslant f_{cu,k}$ $f_{cu,min}\geqslant\lambda_2 f_{cu,k}$	评定结果	合格

5. C35 混凝土

（1）组数：12 组

40.6	41.5	42.5	42.3	44.2	42.6	45.3	43.8	43.8	42.9	42.4	42.9						

按 GBJ 107—87 评定				按 GB 50107—2010 评定			
评定条件	$m_{fcu}-\lambda_1 S_{fcu}\geqslant 0.9f_{cu,k}$ $f_{cu,min}\geqslant\lambda_2 f_{cu,k}$	评定结果	合格	评定条件	$m_{fcu}-\lambda_1 S_{fcu}\geqslant f_{cu,k}$ $f_{cu,min}\geqslant\lambda_2 f_{cu,k}$	评定结果	合格

（2）组数：18 组

40.6	41.5	42.5	42.3	44.2	42.6	45.3	43.8	43.8	42.9	42.4	42.9	42.1	43.9	41.3	42.8	43.3	41.9

按 GBJ 107—87 评定				按 GB 50107—2010 评定			
评定条件	$m_{fcu}-\lambda_1 S_{fcu}\geqslant 0.9f_{cu,k}$ $f_{cu,min}\geqslant\lambda_2 f_{cu,k}$	评定结果	合格	评定条件	$m_{fcu}-\lambda_1 S_{fcu}\geqslant f_{cu,k}$ $f_{cu,min}\geqslant\lambda_2 f_{cu,k}$	评定结果	合格

（3）组数：29 组

40.6	41.5	42.5	42.3	44.2	42.6	45.3	43.8	43.8	42.9	42.4	42.9	42.1	43.9	41.3	42.8	43.3	41.9
41.3	43.4	44.4	45.2	42.7	44.5	45.7	44.9	49.2	42.4	41.5							

按 GBJ 107—87 评定				按 GB 50107—2010 评定			
评定条件	$m_{fcu}-\lambda_1 S_{fcu}\geqslant 0.9f_{cu,k}$ $f_{cu,min}\geqslant\lambda_2 f_{cu,k}$	评定结果	合格	评定条件	$m_{fcu}-\lambda_1 S_{fcu}\geqslant f_{cu,k}$ $f_{cu,min}\geqslant\lambda_2 f_{cu,k}$	评定结果	合格

6. C40 混凝土

（1）组数：12 组

50.3	52.2	49.7	53.9	48.9	50.6	50.1	49.9	49.5	48.4	49.1	47.1						

按 GBJ 107—87 评定				按 GB 50107—2010 评定			
评定条件	$m_{fcu}-\lambda_1 S_{fcu}\geqslant 0.9f_{cu,k}$ $f_{cu,min}\geqslant\lambda_2 f_{cu,k}$	评定结果	合格	评定条件	$m_{fcu}-\lambda_1 S_{fcu}\geqslant f_{cu,k}$ $f_{cu,min}\geqslant\lambda_2 f_{cu,k}$	评定结果	合格

（2）组数：18 组

50.3	52.2	49.7	53.9	48.9	50.6	50.1	49.9	49.5	48.4	49.1	47.1	48.7	50.6	45.5	48.1	49.3	48.4

按 GBJ 107—87 评定				按 GB 50107—2010 评定			
评定条件	$m_{fcu}-\lambda_1 S_{fcu}\geqslant 0.9f_{cu,k}$ $f_{cu,min}\geqslant\lambda_2 f_{cu,k}$	评定结果	合格	评定条件	$m_{fcu}-\lambda_1 S_{fcu}\geqslant f_{cu,k}$ $f_{cu,min}\geqslant\lambda_2 f_{cu,k}$	评定结果	合格

（3）组数：29 组

50.3	52.2	49.7	53.9	48.9	50.6	50.1	49.9	49.5	48.4	49.1	47.1	48.7	50.6	45.5	48.1	49.3	48.4
48.5	48.5	48.4	48.1	56.4	55.4	45.0	49.1	47.1	46.5	46.6							

按 GBJ 107—87 评定				按 GB 50107—2010 评定			
评定条件	$m_{fcu}-\lambda_1 S_{fcu}\geqslant 0.9f_{cu,k}$ $f_{cu,min}\geqslant\lambda_2 f_{cu,k}$	评定结果	合格	评定条件	$m_{fcu}-\lambda_1 S_{fcu}\geqslant f_{cu,k}$ $f_{cu,min}\geqslant\lambda_2 f_{cu,k}$	评定结果	合格

7. C50 混凝土

（1）组数：12 组

57.9	66.0	67.9	59.9	59.3	59.8	60.0	60.9	60.0	61.1	57.5	59.0						

按 GBJ 107—87 评定				按 GB 50107—2010 评定			
评定条件	$m_{fcu}-\lambda_1 S_{fcu}\geqslant 0.9f_{cu,k}$ $f_{cu,min}\geqslant\lambda_2 f_{cu,k}$	评定结果	合格	评定条件	$m_{fcu}-\lambda_1 S_{fcu}\geqslant f_{cu,k}$ $f_{cu,min}\geqslant\lambda_2 f_{cu,k}$	评定结果	合格

（2）组数：18 组

57.9	66.0	67.9	59.9	59.3	59.8	60.0	60.9	60.0	61.1	57.5	59.0	57.5	65.5	58.6	67.8	59.6	58.1

按 GBJ 107—87 评定				按 GB 50107—2010 评定			
评定条件	$m_{fcu}-\lambda_1 S_{fcu}\geqslant 0.9f_{cu,k}$ $f_{cu,min}\geqslant\lambda_2 f_{cu,k}$	评定结果	合格	评定条件	$m_{fcu}-\lambda_1 S_{fcu}\geqslant f_{cu,k}$ $f_{cu,min}\geqslant\lambda_2 f_{cu,k}$	评定结果	合格

（3）组数：29 组

57.9	66.0	67.9	59.9	59.3	59.8	60.0	60.9	60.0	61.1	57.5	59.0	57.5	65.5	58.6	67.8	59.6	58.1
57.3	57.9	61.9	63.0	62.2	58.9	59.9	58.0	60.4	63.2	62.9							

按 GBJ 107—87 评定				按 GB 50107—2010 评定			
评定条件	$m_{fcu}-\lambda_1 S_{fcu}\geqslant 0.9f_{cu,k}$ $f_{cu,min}\geqslant\lambda_2 f_{cu,k}$	评定结果	合格	评定条件	$m_{fcu}-\lambda_1 S_{fcu}\geqslant f_{cu,k}$ $f_{cu,min}\geqslant\lambda_2 f_{cu,k}$	评定结果	合格

8. C60 混凝土

（1）组数：12 组

71.4	73.9	68.9	75.2	73.4	67.7	73.6	70.2	71.9	72.4	72.0	73.3						

按 GBJ 107—87 评定				按 GB 50107—2010 评定			
评定条件	$m_{fcu}-\lambda_1 S_{fcu}\geq 0.9f_{cu,k}$ $f_{cu,min}\geq\lambda_2 f_{cu,k}$	评定结果	合格	评定条件	$m_{fcu}-\lambda_1 S_{fcu}\geq f_{cu,k}$ $f_{cu,min}\geq\lambda_2 f_{cu,k}$	评定结果	合格

（2）组数：18 组

71.4	73.9	68.9	75.2	73.4	67.7	73.6	70.2	71.9	72.4	72.0	73.3	70.1	75.2	69.6	69.9	71.1	71.0

按 GBJ 107—87 评定				按 GB 50107—2010 评定			
评定条件	$m_{fcu}-\lambda_1 S_{fcu}\geq 0.9f_{cu,k}$ $f_{cu,min}\geq\lambda_2 f_{cu,k}$	评定结果	合格	评定条件	$m_{fcu}-\lambda_1 S_{fcu}\geq f_{cu,k}$ $f_{cu,min}\geq\lambda_2 f_{cu,k}$	评定结果	合格

（3）组数：29 组

71.4	73.9	68.9	75.2	73.4	67.7	73.6	70.2	71.9	72.4	72.0	73.3	70.1	75.2	69.6	69.9	71.1	71.0
68.8	69.6	73.4	73.6	71.7	70.9	72.0	72.2	69.3	69.2	70.8							

按 GBJ 107—87 评定				按 GB 50107—2010 评定			
评定条件	$m_{fcu}-\lambda_1 S_{fcu}\geq 0.9f_{cu,k}$ $f_{cu,min}\geq\lambda_2 f_{cu,k}$	评定结果	合格	评定条件	$m_{fcu}-\lambda_1 S_{fcu}\geq f_{cu,k}$ $f_{cu,min}\geq\lambda_2 f_{cu,k}$	评定结果	合格

B 混凝土有限公司

混凝土强度评定方法比较（非统计方法）

GBJ 107—87				GB 50107—2010			
$m_{fcu}\geq 1.15f_{cu,k}$；$f_{cu,min}\geq 0.95f_{cu,k}$				$m_{fcu}\geq\lambda_1 f_{cu,k}$；$f_{cu,min}\geq\lambda_2 f_{cu,k}$			
				试件组数	<C60	≥C60	
				λ_1	1.15	1.10	
				λ_2	0.95		

1. C15 混凝土

组数：7 组

17.9	20.4	22.2	22.3	22.3	17.2	22.6											

按 GBJ 107—87 评定				按 GB 50107—2010 评定			
评定条件	$m_{fcu}\geq 1.15f_{cu,k}$； $f_{cu,min}\geq 0.95f_{cu,k}$	评定结果	合格	评定条件	$m_{fcu}\geq\lambda_1 f_{cu,k}$ $f_{cu,min}\geq\lambda_2 f_{cu,k}$	评定结果	合格

2. C20 混凝土

组数：7 组

30.5	30.7	27.9	26.7	28.7	27.5	27.1											

按 GBJ 107—87 评定				按 GB 50107—2010 评定			
评定条件	$m_{fcu}\geq 1.15f_{cu,k}$； $f_{cu,min}\geq 0.95f_{cu,k}$	评定结果	合格	评定条件	$m_{fcu}\geq\lambda_1 f_{cu,k}$ $f_{cu,min}\geq\lambda_2 f_{cu,k}$	评定结果	合格

3. C25 混凝土

组数：7 组

34.5	28.8	32.5	39.9	31.8	33.6	30.9											
按 GBJ 107—87 评定									按 GB 50107—2010 评定								
评定条件	$m_{fcu} \geqslant 1.15 f_{cu,k}$； $f_{cu,min} \geqslant 0.95 f_{cu,k}$						评定结果	合格	评定条件	$m_{fcu} \geqslant \lambda_1 f_{cu,k}$ $f_{cu,min} \geqslant \lambda_2 f_{cu,k}$						评定结果	合格

4. C30 混凝土

组数：7 组

36.2	35.7	38.3	38.4	37.2	36.5	44.4											
按 GBJ 107—87 评定									按 GB 50107—2010 评定								
评定条件	$m_{fcu} \geqslant 1.15 f_{cu,k}$； $f_{cu,min} \geqslant 0.95 f_{cu,k}$						评定结果	合格	评定条件	$m_{fcu} \geqslant \lambda_1 f_{cu,k}$ $f_{cu,min} \geqslant \lambda_2 f_{cu,k}$						评定结果	合格

5. C35 混凝土

组数：7 组

40.6	41.5	42.5	42.3	44.2	42.6	45.3											
按 GBJ 107—87 评定									按 GB 50107—2010 评定								
评定条件	$m_{fcu} \geqslant 1.15 f_{cu,k}$； $f_{cu,min} \geqslant 0.95 f_{cu,k}$						评定结果	合格	评定条件	$m_{fcu} \geqslant \lambda_1 f_{cu,k}$ $f_{cu,min} \geqslant \lambda_2 f_{cu,k}$						评定结果	合格

6. C40 混凝土

组数：7 组

50.3	52.2	49.7	53.9	48.9	50.6	50.1											
按 GBJ 107—87 评定									按 GB 50107—2010 评定								
评定条件	$m_{fcu} \geqslant 1.15 f_{cu,k}$； $f_{cu,min} \geqslant 0.95 f_{cu,k}$						评定结果	合格	评定条件	$m_{fcu} \geqslant \lambda_1 f_{cu,k}$ $f_{cu,min} \geqslant \lambda_2 f_{cu,k}$						评定结果	合格

7. C50 混凝土

组数：7 组

57.9	66.0	67.9	59.9	59.3	59.8	60.0											
按 GBJ 107—87 评定									按 GB 50107—2010 评定								
评定条件	$m_{fcu} \geqslant 1.15 f_{cu,k}$； $f_{cu,min} \geqslant 0.95 f_{cu,k}$						评定结果	合格	评定条件	$m_{fcu} \geqslant \lambda_1 f_{cu,k}$ $f_{cu,min} \geqslant \lambda_2 f_{cu,k}$						评定结果	合格

8. C60 混凝土

组数：7 组

71.4	73.9	68.9	75.2	73.4	67.7	73.6											
按 GBJ 107—87 评定									按 GB 50107—2010 评定								
评定条件	$m_{fcu} \geqslant 1.15 f_{cu,k}$； $f_{cu,min} \geqslant 0.95 f_{cu,k}$						评定结果	合格	评定条件	$m_{fcu} \geqslant \lambda_1 f_{cu,k}$ $f_{cu,min} \geqslant \lambda_2 f_{cu,k}$						评定结果	合格

8.3 某地区质量监督站数据

说明	依同强度等级（包括不同坍落度的泵送与非泵送）按月进行统计评定									
强度等级	技术参数		2008.08	2008.07	2008.06	2008.05	2008.04	2008.03	2008.02	2008.01
C10	规定配制强度		17.4	17.4	17.4	17.4	17.4	17.4		17.4
	N		19	15	4	2	1	2		3
	m_{fcu}		16.3	16.7	15.4	15.8	19.1	17.4		15.7
	$f_{cu,min}$		12.9	12.3	13.5	15.1	19.1	15.3		13.2
	S_{fcu}		2.16	1.98						
	λ_1，旧		1.65	1.65	1.15	1.15	1.15	1.15		1.15
	λ_2，旧		0.85	0.85	0.95	0.95	0.95	0.95		0.95
	λ_1（3），新		0.95	0.95	1.15	1.15	1.15	1.15		1.15
	λ_2（4），新		0.85	0.85	0.95	0.95	0.95	0.95		0.95
	按旧标准评定	判据1 f_{cuk}	14.2	14.9	13.4	13.7	16.6	15.1		13.7
		判据2 f_{cuk}	15.2	14.5	14.2	15.9	20.1	16.1		13.9
		合格时 f_{cuk}	C10	C10	C10	C10	C15	C15		C10
		评定结论	合格	合格	合格	合格	合格	合格		合格
	按新标准评定	判据1 f_{cuk}	14.2	14.8	13.4	13.7	16.6	15.1		13.7
		判据2 f_{cuk}	15.2	14.5	14.2	15.9	20.1	16.1		13.9
		合格时 f_{cuk}	C10	C10	C10	C10	C15	C15		C10
		评定结论	合格	合格	合格	合格	合格	合格		合格
	结论差异性		√	√	√	√	√	√		√
C15	规定配制强度		22.4	22.4	22.4	22.4	22.4	22.4	22.4	22.4
	N		43	30	10	12	17	33	19	56
	m_{fcu}		21.1	23.3	24.3	20.4	21.5	22.7	23.3	22.1
	$f_{cu,min}$		14.1	17.8	16.7	15.5	18.2	17.5	18	16.5
	S_{fcu}		3.16	3.09	5.95	2.77	2.23	2.04	2.18	3.48
	λ_1，旧		1.6	1.6	1.7	1.7	1.65	1.6	1.65	1.6
	λ_2，旧		0.85	0.85	0.9	0.9	0.85	0.85	0.85	0.85
	λ_1(3)，新		0.9	0.9	1	1	0.95	0.9	0.95	0.9
	λ_2(4)，新		0.85	0.85	0.9	0.9	0.85	0.85	0.85	0.85
	按旧标准评定	判据1 f_{cuk}	17.8	20.4	15.8	17.4	19.8	21.6	21.9	18.4
		判据2 f_{cuk}	16.6	20.9	18.6	17.2	21.4	20.6	21.2	19.4
		合格时 f_{cuk}	C15	C20	C15	C15	C15	C20	C20	C15
		评定结论	合格	合格	合格	合格	合格	合格	合格	合格
	按新标准评定	判据1 f_{cuk}	18.3	20.5	18.4	17.6	19.4	20.9	21.2	19.0
		判据2 f_{cuk}	16.6	20.9	18.6	17.2	21.4	20.6	21.2	19.4
		合格时 f_{cuk}	C15	C20	C15	C15	C15	C20	C20	C15
		评定结论	合格	合格	合格	合格	合格	合格	合格	合格
	结论差异性		√	√	√	√	√	√	√	√

续表

强度等级	技术参数		2008.08	2008.07	2008.06	2008.05	2008.04	2008.03	2008.02	2008.01
C20	规定配制强度		27.4	27.4	27.4	27.4	27.4	27.4	27.4	27.4
	N		83	51	36	45	18	26	11	43
	m_{fcu}		30.0	31.1	29.2	30.1	30.6	33.2	29.3	30.6
	$f_{cu,min}$		21.0	21.8	21.3	22.1	26.2	26.5	24.5	23.4
	S_{fcu}		4.28	4.05	3.91	3.06	2.55	3.44	4.1	4.53
	λ_1，旧		1.6	1.6	1.6	1.6	1.65	1.6	1.7	1.6
	λ_2，旧		0.85	0.85	0.85	0.85	0.85	0.85	0.9	0.85
	λ_1(3)，新		0.9	0.9	0.9	0.9	0.95	0.9	1	0.9
	λ_2(4)，新		0.85	0.85	0.85	0.85	0.85	0.85	0.9	0.85
	按旧标准评定	判据1 f_{cuk}	25.7	27.4	25.5	28.0	29.3	30.8	24.8	25.9
		判据2 f_{cuk}	24.7	25.6	25.1	26.0	30.8	31.2	27.2	27.5
		合格时 f_{cuk}	C20	C25	C25	C25	C25	C30	C20	C25
		评定结论	合格	合格	合格	合格	合格	合格	合格	合格
	按新标准评定	判据1 f_{cuk}	26.1	27.5	25.7	27.3	28.2	30.1	25.2	26.5
		判据2 f_{cuk}	24.7	25.6	25.1	26.0	30.8	31.2	27.2	27.5
		合格时 f_{cuk}	C20	C25	C25	C25	C25	C30	C25	C25
		评定结论	合格	合格	合格	合格	合格	合格	合格	合格
	结论差异性		√	√	√	√	√	√	√	√
C25	规定配制强度		32.4	32.4	32.4	32.4	32.4	32.4	32.4	32.4
	N		118	142	139	149	176	156	52	166
	m_{fcu}		35.9	37.9	36.1	37.3	37.5	39	37.4	38.1
	$f_{cu,min}$		27.5	29	24.3	31.8	27.2	30.7	32.4	28.6
	S_{fcu}		3.88	3.19	3.47	2.87	3.02	3.19	2.82	4.5
	λ_1，旧		1.6	1.6	1.6	1.6	1.6	1.6	1.6	1.6
	λ_2，旧		0.85	0.85	0.85	0.85	0.85	0.85	0.85	0.85
	λ_1 (3)，新		0.9	0.9	0.9	0.9	0.9	0.9	0.9	0.9
	λ_2 (4)，新		0.85	0.85	0.85	0.85	0.85	0.85	0.85	0.85
	按旧标准评定	判据1 f_{cuk}	33.0	36.4	33.9	36.3	36.3	37.7	36.5	34.3
		判据2 f_{cuk}	32.4	34.1	28.6	37.4	32.0	36.1	38.1	33.6
		合格时 f_{cuk}	C30	C30	C25	C35	C30	C35	C35	C30
		评定结论	合格	合格	合格	合格	合格	合格	合格	合格
	按新标准评定	判据1 f_{cuk}	32.4	35.0	33.0	34.7	34.8	36.1	34.9	34.1
		判据2 f_{cuk}	32.4	34.1	28.6	37.4	32.0	36.1	38.1	33.6
		合格时 f_{cuk}	C30	C30	C25	C30	C30	C35	C30	C30
		评定结论	合格	合格	合格	合格	合格	合格	合格	合格
	结论差异性		√	√	√	√	√	√	√	√

续表

强度等级	技术参数		2008.08	2008.07	2008.06	2008.05	2008.04	2008.03	2008.02	2008.01
C30	规定配制强度		37.4	37.4	37.4	37.4	37.4	37.4	37.4	37.4
	N		95	63	55	76	82	88	23	98
	m_{fcu}		40.5	42.4	41.5	41.3	42.8	44.9	43.5	43.6
	$f_{cu,min}$		25.4	34.7	36.7	35.4	33	37.7	37.8	29.4
	S_{fcu}		4.04	3.15	2.36	2.91	3.55	2.73	2.97	5.08
	λ_1，旧		1.6	1.6	1.6	1.6	1.6	1.6	1.65	1.6
	λ_2，旧		0.85	0.85	0.85	0.85	0.85	0.85	0.85	0.85
	λ_1(3)，新		0.9	0.9	0.9	0.9	0.9	0.9	0.9	0.9
	λ_2(4)，新		0.85	0.85	0.85	0.85	0.85	0.85	0.85	0.85
	按旧标准评定	判据 1 f_{cuk}	37.8	41.5	41.9	40.7	41.2	45.0	42.9	39.4
		判据 2 f_{cuk}	29.9	40.8	43.2	41.6	38.8	44.4	44.5	34.6
		合格时 f_{cuk}	C25	C40	C40	C40	C35	C40	C40	C30
		评定结论	不合格	合格	合格	合格	合格	合格	合格	合格
	按新标准评定	判据 1 f_{cuk}	36.9	39.6	39.4	38.7	39.6	42.4	40.8	39.0
		判据 2 f_{cuk}	29.9	40.8	43.2	41.6	38.8	44.4	44.5	34.6
		合格时 f_{cuk}	C25	C35	C35	C35	C35	C40	C40	C30
		评定结论	不合格	合格	合格	合格	合格	合格	合格	合格
	结论差异性		√	√	√	√	√	√	√	√
C35	规定配制强度		42.4	42.4	42.4	42.4	42.4	42.4	42.4	42.4
	N		26	16	20	20	37	42	23	28
	m_{fcu}		46.3	48.1	44.6	47.4	48.4	50.3	47.4	49.7
	$f_{cu,min}$		40.7	44.2	36.4	40	40.6	45.6	41.9	40.6
	S_{fcu}		4.27	3.08	2.9	4.22	3.5	2.35	2.55	4.4
	λ_1，旧		1.6	1.65	1.65	1.65	1.6	1.6	1.65	1.6
	λ_2，旧		0.85	0.85	0.85	0.85	0.85	0.85	0.85	0.85
	λ_1(3)，新		0.9	0.95	0.9	0.9	0.9	0.9	0.9	0.9
	λ_2(4)，新		0.85	0.85	0.85	0.85	0.85	0.85	0.85	0.85
	按旧标准评定	判据 1 f_{cuk}	43.9	47.8	44.2	44.9	47.6	51.7	48.0	47.4
		判据 2 f_{cuk}	47.9	52.0	42.8	47.1	47.8	53.6	49.3	47.8
		合格时 f_{cuk}	C40	C45	C40	C40	C45	C50	C45	C45
		评定结论	合格	合格	合格	合格	合格	合格	合格	合格
	按新标准评定	判据 1 f_{cuk}	42.5	45.2	42.0	43.6	45.3	48.2	45.1	45.7
		判据 2 f_{cuk}	47.9	52.0	42.8	47.1	47.8	53.6	49.3	47.8
		合格时 f_{cuk}	C40	C45	C40	C40	C45	C45	C45	C45
		评定结论	合格	合格	合格	合格	合格	合格	合格	合格
	结论差异性		√	√	√	√	√	√	√	√

续表

强度等级	技术参数		2008.08	2008.07	2008.06	2008.05	2008.04	2008.03	2008.02	2008.01
C40	规定配制强度		47.4	47.4	47.4	47.4	47.4	47.4	47.4	47.4
	N		3	3	1	3	4	7	2	10
	m_{fcu}		45.1	49.7	50	50.9	49.9	54.6	48.9	53.3
	$f_{cu,min}$		42.1	48.1	50	50.6	45.2	49.7	47.5	46.8
	S_{fcu}									5.23
	λ_1，旧		1.15	1.15	1.15	1.15	1.15	1.15	1.15	1.7
	λ_2，旧		0.95	0.95	0.95	0.95	0.95	0.95	0.95	0.9
	λ_1(3)，新		1.15	1.15	1.15	1.15	1.15	1.15	1.15	1
	λ_2(4)，新		0.95	0.95	0.95	0.95	0.95	0.95	0.95	0.9
	按旧标准评定	判据 1 f_{cuk}	39.2	43.2	43.5	44.3	43.4	47.5	42.5	49.3
		判据 2 f_{cuk}	44.3	50.6	52.6	53.3	47.6	52.3	50.0	52.0
		合格时 f_{cuk}	C35	C40	C40	C40	C40	C45	C40	C45
		评定结论	不合格	合格	合格	合格	合格	合格	合格	合格
	按新标准评定	判据 1 f_{cuk}	39.2	43.2	43.5	44.3	43.4	47.5	42.5	48.1
		判据 2 f_{cuk}	44.3	50.6	52.6	53.3	47.6	52.3	50.0	52.0
		合格时 f_{cuk}	C35	C40	C40	C40	C40	C45	C40	C45
		评定结论	不合格	合格	合格	合格	合格	合格	合格	合格
	结论差异性		√	√	√	√	√	√	√	√
备注	为方便计，规定配制强度计算时的方差均取 4.5MPa									

第九章　结　论

本修订研究报告对此次《混凝土强度检验评定标准》的主要修订做了阐述和说明。

对于原标准中的统计方法 1——标准差已知方案，将标准差的计算方法修改为按定义式计算，最小取值修改为 2.5MPa，其余不变。

对于原标准中的统计方法 2——标准差未知方案，做了较大修改。采用 Monte－Carlo 模拟计算对比表明，采用修订方案比原标准更合理。

对于原标准中的非统计方法，当强度等级大于等于 C60 时，λ_3 调整为 1.10，λ_4 仍保留为 0.95。经验算对比，修订方案较为合理。

附录 A 《混凝土强度检验评定标准》GB/T 50107—2010

中华人民共和国国家标准 GB

GB/T 50107—2010

代替 GBJ 107—87

混凝土强度检验评定标准

Standard for evaluation of concrete compressive strength

2010-05-31 发布　　2010-12-01 实施

中华人民共和国建设部

国家质量监督检验检疫总局

前　言

本标准是根据原建设部建标《关于印发〈二○○二~二○○三年度工程建设国家标准制订、修订计划〉的通知》(建标［2003］102 号)的要求,标准编制组经广泛调查研究,认真总结践经验,参考有关国际标准和国外先进标准,并在广泛征求意见的基础上,修订本标准。

本标准主要内容包括:1 总则;2 术语和符号;3 基本规定;4 混凝土的取样和试验;5 混凝土强度的检验评定。

本标准修订的主要内容是:1 增加了术语和符号;2 补充了试件取样频率的规定;3 增加了 C60 及以上高强混凝土非标准尺寸试件确定折算系数的方法;4 修改了评定方法中标准差已知方案中的标准差计算公式;5 修改了评定方法中标准差未知方案的评定条文;6 修改了评定方法中非统计方法的评定条文。

本标准由住房和城乡建设部负责管理,由中国建筑科学研究院负责具体技术内容的解释。执行过程中如有意见或建议,请寄送中国建筑科学研究院《混凝土强度检验评定标准》管理组(地址:北京市北三环东路 30 号;邮政编码:100013;电子邮箱:standards@cabr.com.cn)。

本标准主编单位:中国建筑科学研究院
本标准参编单位:北京建工集团有限责任公司
湖南大学
北京市建筑工程安全质量监督总站
上海建工材料工程有限公司
西安建筑科技大学
云南建工混凝土有限公司
舟山市建筑工程质量监督站
北京东方建宇混凝土技术研究院
贵州中建建筑科学研究院
沈阳北方建设股份有限公司
广东省建筑科学研究院

主要起草人:张仁瑜　韩素芳　史志华　艾永祥
黄政宇　张元勃　陈尧亮　尚建丽
田冠飞　李昕成　周岳年　路来军
林力勋　孙亚兰　盛国赛　王宇杰
王淑丽　王景贤

本标准主要审查人员：

夏靖华　陈肇元　陈改新　谢永江　陈基发
白生翔　邸小坛　牛开民　赵顺增　石云兴
龚景齐　杨晓梅　郝挺宇　杨思忠　高　杰

1 总 则

1.0.1 为了统一混凝土强度的检验评定方法，保证混凝土强度符合混凝土工程质量的要求，制定本标准。

1.0.2 本标准适用于混凝土强度的检验评定。

1.0.3 混凝土强度的检验评定，除应符合本标准外，尚应符合国家现行的有关标准的规定。

2 术语、符号

2.1 术语

2.1.1 混凝土 concrete

由水泥、骨料和水等按一定配合比，经搅拌、成型、养护等工艺硬化而成的工程材料。

2.1.2 龄期 age of concrete

自加水搅拌开始，混凝土所经历的时间，按天或小时计。

2.1.3 混凝土强度 strength of concrete

混凝土的力学性能，表征其抵抗外力作用的能力。本标准中的混凝土强度是指混凝土立方体抗压强度。

2.1.4 合格性评定 evaluation of conformity

根据一定规则对混凝土强度的合格与否所作的判定。

2.1.5 检验批 inspection batch

由符合规定条件的混凝土组成，用于合格性判定的混凝土总体。

2.1.6 检验期 inspection period

为确定检验批混凝土强度的标准差而规定的统计时段。

2.1.7 样本容量 sample size

代表检验批的用于合格评定的混凝土试件组数。

2.2 符号

$m_{f_{cu}}$——同一检验批混凝土立方体抗压强度的平均值；

$f_{cu,k}$——混凝土立方体抗压强度标准值；

$f_{cu,min}$——同一检验批混凝土立方体抗压强度的最小值；

$S_{f_{cu}}$——标准差未知评定方法中，检验批混凝土立方体抗压强度的标准差；

σ_0——标准差已知评定方法中，检验批混凝土立方体抗压强度的标准差；

λ_1，λ_2，λ_3，λ_4——合格评定系数；

$f_{cu,i}$——第 i 组混凝土试件的立方体抗压强度代表值；

n——样本容量。

3 基 本 规 定

3.0.1 混凝土的强度等级应按立方体抗压强度标准值划分。混凝土强度等级应采用符号 C 与立方体抗压强度标准值（以 N/mm^2 计）表示。

3.0.2 立方体抗压强度标准值应为按标准方法制作和养护的边长为 150mm 的立方体试件，用标准试验方法在 28d 龄期测得的混凝土抗压强度总体分布中的一个值，强度低于该值的概率应为 5%。

3.0.3 混凝土强度应分批进行检验评定。一个检验批的混凝土应由强度等级相同、试验龄期相同、生产工艺条件和配合比基本相同的混凝土组成。

3.0.4 对大批量、连续生产的混凝土应按本标准第 5.1 节中规定的统计方法评定。对小批量或零星生产混凝土的强度应按本标准第 5.2 节中规定的非统计方法评定。

4 混凝土的取样与试验

4.1 混凝土的取样

4.1.1 混凝土的取样，宜根据本标准规定的检验评定方法要求制定检验批的划分方案和相应的取样计划。

4.1.2 混凝土强度试样应在混凝土的浇筑地点随机取样。

4.1.3 试件的取样频率和数量应符合下列规定：

1 每 100 盘，但不超过 $100m^3$ 的同配合比的混凝土，取样次数不应少于一次；

2 每一工作班拌制的同配合比的混凝土，不足 100 盘和 $100m^3$ 时其取样次数不应少于一次；

3 当一次连续浇筑同配合比的混凝土超过 $1000m^3$ 时，每 $200m^3$ 取样不应少于一次；

4 对房屋建筑，每一楼层、同一配合比的混凝土，取样不应少于一次。

4.1.4 每批混凝土试样应制作的试件总组数，除满足本标准第 5 章规定的混凝土强度评定所必需的组数外，还应留置为检验结构或构件施工阶段混凝土强度所必需的试件。

4.2 混凝土试件的制作与养护

4.2.1 每次取样应至少制作一组标准养护试件。

4.2.2 每组 3 个试件应由同一盘或同一车的混凝土中取样制作。

4.2.3 检验评定混凝土强度用的混凝土试件，其成型方法、标准养护条件应符合现行国家标准《普通混凝土力学性能试验方法标准》GB/T 50081 的规定。

4.2.4 采用蒸汽养护的构件，其试件应先随构件同条件养护，然后应置入标准养护条件下继续养护，两段养护时间的总和应为设计规定龄期。

4.3 混凝土试件的试验

4.3.1 混凝土试件的立方体抗压强度试验应根据现行国家标准《普通混凝土力学性能试验

方法标准》GB/T 50081 的规定执行。每组混凝土试件强度代表值的确定，应符合下列规定：

1 取 3 个试件强度的算术平均值作为每组试件的强度代表值；

2 当一组试件中强度的最大值或最小值与中间值之差超过中间值的 15%时，取中间值作为该组试件的强度代表值；

3 当一组试件中强度的最大值和最小值与中间值之差均超过中间值的 15%时，该组试件的强度不应作为评定的依据。

注：对掺矿物掺合料的混凝土进行强度评定时，可根据设计规定，可采用大于 28d 龄期的混凝土强度。

4.3.2 当采用非标准尺寸试件时，应将其抗压强度乘以尺寸折算系数，折算成边长为 150mm 的标准尺寸试件抗压强度。尺寸折算系数按下列规定采用：

1 当混凝土强度等级低于 C60 时，对边长为 100mm 的立方体试件取 0.95，对边长为 200mm 的立方体试件取 1.05。

2 当混凝土强度等级不低于 C60 时，宜采用标准尺寸试件；使用非标准尺寸试件时，尺寸折算系数应由试验确定，其试件数量不应少于 30 个对组。

5 混凝土强度的检验评定

5.1 统计方法评定

5.1.1 采用统计方法评定时，应按下列规定进行：

1 当连续生产的混凝土，生产条件在较长时间内能保持一致，且同一品种混凝土的强度变异性保持稳定时，应按本标准第 5.1.2 条的规定进行评定。

2 其他情况应按本标准第 5.1.3 条的规定进行评定。

5.1.2 一个检验批的样本容量应为连续的 3 组试件，其强度应同时满足下列规定：

$$m_{f_{cu}} \geqslant f_{cu,k} + 0.7\sigma_0 \tag{5.1.2-1}$$

$$f_{cu,min} \geqslant f_{cu,k} - 0.7\sigma_0 \tag{5.1.2-2}$$

检验批混凝土立方体抗压强度的标准差应按下列公式计算：

$$\sigma_0 = \sqrt{\frac{\sum_{i=1}^{n} f_{cu,i}^2 - nm_{f_{cu}}^2}{n-1}} \tag{5.1.2-3}$$

当混凝土强度等级不高于 C20 时，其强度的最小值尚应满足下式要求：

$$f_{cu,min} \geqslant 0.85 f_{cu,k} \tag{5.1.2-4}$$

当混凝土强度等级高于 C20 时，其强度的最小值尚应满足下列要求：

$$f_{cu,min} \geqslant 0.90 f_{cu,k} \tag{5.1.2-5}$$

式中：$m_{f_{cu}}$——同一检验批混凝土立方体抗压强度的平均值（N/mm^2），精确到 0.1（N/mm^2）；

$f_{cu,k}$——混凝土立方体抗压强度标准值（N/mm^2），精确到 0.1（N/mm^2）；

σ_0——检验批混凝土立方体抗压强度的标准差（N/mm^2），精确到 0.01（N/mm^2）；当检验批强度标准差 σ_0 计算值小于 2.5N/mm^2 时，应取 2.5 N/mm^2；

$f_{cu,i}$——第 i 组混凝土试件的立方体抗压强度代表值（N/mm²），精确到 0.1（N/mm²）；

n——前一检验期内的样本容量，该期间内样本容量不应少于 45；

$f_{cu,min}$——同一检验批混凝土立方体抗压强度的最小值（N/mm²），精确到 0.1（N/mm²）。

5.1.3 当样本容量不少于 10 组时，其强度应同时满足下列要求：

$$m_{f_{cu}} \geqslant f_{cu,k} + \lambda_1 \cdot S_{f_{cu}} \tag{5.1.3-1}$$

$$f_{cu,min} \geqslant \lambda_2 \cdot f_{cu,k} \tag{5.1.3-2}$$

同一检验批混凝土立方体抗压强度的标准差应按下式计算：

$$S_{f_{cu}} = \sqrt{\frac{\sum_{i=1}^{n} f_{cu,i}^2 - n \cdot m_{f_{cu}}^2}{n-1}} \tag{5.1.3-3}$$

式中：$S_{f_{cu}}$——同一检验批混凝土立方体抗压强度的标准差（N/mm²），精确到 0.01（N/mm²）；当检验批混凝土强度标准差 $S_{f_{cu}}$ 计算值小于 2.5N/mm² 时，应取 2.5 N/mm²；

λ_1，λ_2——合格判定系数，按表 5.1.3 取用；

n——本检验期内的样本容量。

混凝土强度的合格评定系数 **表 5.1.3**

试件组数	10～14	15～19	≥20
λ_1	1.15	1.05	0.95
λ_2	0.90	0.85	

5.2 非统计方法评定

5.2.1 当用于评定的样本容量小于 10 组时，可采用非统计方法评定混凝土强度。

5.2.2 按非统计方法评定混凝土强度时，其强度应同时满足下列要求：

$$m_{f_{cu}} \geqslant \lambda_3 \cdot f_{cu,k} \tag{5.2.2-1}$$

$$f_{cu,min} \geqslant \lambda_4 \cdot f_{cu,k} \tag{5.2.2-2}$$

式中 λ_3，λ_4——合格判定系数，按表 5.2.2 取用。

混凝土强度的非统计法合格评定系数 **表 5.2.2**

混凝土强度等级	＜C60	≥C60
λ_3	1.15	1.10
λ_4	0.95	

5.3 混凝土强度的合格性评定

5.3.1 当检验结果满足第 5.1.2 条或第 5.1.4 条或第 5.2.2 条的规定时，则该批混凝土强度应评定为合格；当不能满足上述规定时，该批混凝土强度应评定为不合格。

5.3.2 对评定为不合格批的混凝土，可按国家现行的有关标准进行处理。

本标准用词说明

1 为便于在执行本标准条文时区别对待，对要求严格程度的用词说明如下：

(1) 表示很严格，非这样做不可的：

正面词采用“必须”，反面词采用“严禁”。

(2) 表示严格，在正常情况下均应这样做的：

正面词采用“应”，反面词采用“不应”或“不得”。

(3) 对表示允许稍有选择，在条件许可时首先应这样做的：

正面词采用“宜”或“可”，反面词采用“不宜”。

2 条文中指定应按其他有关标准、规范执行时，写法为“应符合……的规定”或“应按……执行”。

引用标准名录

《普通混凝土力学性能试验方法标准》GB/T 50081

中华人民共和国国家标准

混凝土强度检验评定标准

GB/T 50107—2010

条文说明

1 总　　则

混凝土强度是影响混凝土结构可靠性的重要因素，为保证结构的可靠性，必须进行混凝土的生产控制和合格性评定，本标准是关于混凝土抗压强度合格性评定的具体规定。它对保证混凝土工程质量，提高混凝土生产的质量管理水平，以及提高企业经济效益等都具有重大作用。

2 术语、符号

2.1 术语

2.1.1 规定了混凝土的基本组成和生产工艺。随着混凝土技术的发展，现代的混凝土组成往往还包括外加剂和矿物掺合料等。
2.1.5 检验批在 GBJ 107—87 中称为验收批。

3 基 本 规 定

3.0.1 混凝土强度等级由符号 C 和混凝土强度标准值组成。强度标准值以 $5N/mm^2$ 分段划分，并以其下限值作为示值。在现行国家标准《混凝土结构设计规范》GB 50010—2002 中规定的混凝土强度等级有：C15、C20、C25、C30、C35、C40、C45、C50、C55、C60、C65、C70、C75、C80 等，在该规范条文说明中指出，混凝土垫层可用 C10 级混凝土。
3.0.3 混凝土强度的分布规律，不但与统计对象的生产周期和生产工艺有关，而且与统计总体的混凝土配制强度和试验龄期等因素有关，大量的统计分析和试验研究表明：同一等级的混凝土，在龄期、生产工艺和配合比基本一致的条件下，其强度的概率分布可用正态分布来描述。因此，本条规定检验批应由强度等级、试件试验龄期相同、生产工艺条件和配合比基本相同的混凝土组成，以保证所评定的混凝土的强度基本符合正态分布，这是由于本标准的抽样检验方案是基于检验数据服从正态分布而制定的。其中的生产工艺条件包括了养护条件。
3.0.4 规定了有条件的混凝土生产单位以及样本容量不少于 10 组时，均应采用统计法进行混凝土强度的检验评定。统计法由于样本容量大，能够更加可靠地反映混凝土的强度信息。

4 混凝土的取样与试验

4.1 混凝土的取样

4.1.1 根据采用的检验评定方法，制定检验批的划分方案和相应的取样计划，是为了避免因施工、制作、试验等因素导致缺少混凝土强度试件。

4.1.2 对混凝土强度进行合格评定时，保证混凝土取样的随机性，是使所抽取的试样具有代表性的重要条件。此外考虑到搅拌机出料口的混凝土拌合物，经运输到达浇筑地点后，混凝土的质量还可能会有变化，因此规定试样应在浇筑地点抽取。预拌混凝土的出厂和交货检验与现行国家标准《预拌混凝土》GB/T 14902 的规定相同。

4.1.3 应用统计方法对混凝土强度进行检验评定时，取样频率是保证预期检验效率的重要因素，为此规定了抽取试样的频率。在制定取样频率的要求时，考虑了各种类型混凝土生产单位的生产条件及工程性质的特点，取样频率既与搅拌机的搅拌盘（罐）数和混凝土总方量有关，也与工作班的划分有关。这样规定，对不同规模的混凝土生产单位和施工现场都有较好的实用性。

一盘指搅拌混凝土的搅拌机一次搅拌的混凝土。一个工作班指 8h。

当一次连续浇筑同配合比的混凝土超过 $1000m^3$ 时，整批混凝土均按每 $200m^3$ 取样不应少于一次。

4.1.4 每批混凝土应制作的试件数量，应满足评定混凝土强度的需要。对用以检查混凝土在施工（生产）过程中强度的试件，其养护条件应与结构或构件相同，它的强度只作为评定结构或构件能否继续施工的依据，两类试件不得混同。

4.2 混凝土试件的制作与养护

4.2.1～4.2.3 混凝土试件的成型和养护方法，应考虑其代表性。对用于评定的混凝土强度试件，应采用标准方法成型，之后置于标准养护条件下进行养护，直到设计要求的龄期。

4.2.4 采用蒸汽养护的构件，考虑到混凝土经蒸汽养护后，对其后期强度增长（指设计规定龄期）存在不利的影响，因此规定在评定蒸汽养护构件的混凝土强度时，其试件应先随构件同条件养护，然后置入标养室继续养护，两段养护时间的总和等于设计规定龄期。

4.3 混凝土试件的试验

4.3.1 试验误差能够导致一组内 3 个试件的强度试验结果有较大的差异。试验误差可用盘内变异系数来衡量。国内外试验研究结果表明，盘内混凝土强度变异系数一般在 5%左右。本条文规定，当组内 3 个试件强度的最大值或最小值与中间值之差超过中间值的 15%时，也即 3 倍的盘内变异系数时，应舍弃最大值和最小值，而取中间值为该组试件强度的代表值。这种规定造成的检验误差，与取组内平均值方案造成的检验误差比较，两者差别不大，但取中间值应用方便。

为了改善混凝土性能和节能减排，目前多数混凝土中掺有矿物掺合料，尤其是大体积混凝土。实验表明，掺加矿物掺合料混凝土的强度与纯水泥混凝土相比，早期强度较低，而后期强度发展较快，在温度较低条件下更为明显。为了充分利用掺加矿物掺合料混凝土的后期强度，本标准以注的形式规定，其混凝土强度进行合格评定时的试验龄期可以大于 28d，具体龄期应由设计部门规定。

4.3.2 当采用非标准尺寸试件将其抗压强度折算为标准尺寸试件抗压强度时，折算系数需要通过试验确定。本条规定了试验的最少试件数量，有利于提高换算系数的准确性。

一个对组为两组试件，一组为标准尺寸试件，一组为非标准尺寸试件。

5 混凝土强度的检验评定

5.1 统计方法评定

5.1.1～5.1.4

1. 根据混凝土强度质量控制的稳定性，本标准将评定混凝土强度的统计法分为两种：标准差已知方案和标准差未知方案。

标准差已知方案：指同一品种的混凝土生产，有可能在较长的时期内，通过质量管理，维持基本相同的生产条件，即维持原材料、设备、工艺以及人员配备的稳定性，即使有所变化，也能很快予以调整而恢复正常。由于这类生产状况，能使每批混凝土强度的变异性基本稳定，每批的强度标准差 σ_0 可根据前一时期生产累计的强度数据确定。符合以上情况时，采用标准差已知方案，即第 5.1.2 条的规定。一般来说，预制构件生产可以采用标准差已知方案。

标准差已知方案的 σ_0 由同类混凝土、生产周期不应少于 60d 且不宜超过 90d、样本容量不少于 45 个的强度数据计算确定。假定其值延续在一个检验期内保持不变。3 个月后，重新按上一个检验期的强度数据计算 σ_0 值。

此外，标准差的计算方法由极差估计法改为公式计算法。同时，当计算得出的标准差小于 2.5MPa 时，取值为 2.5MPa。

标准差未知方案：指生产连续性较差，即在生产中无法维持基本相同的生产条件，或生产周期较短，无法积累强度数据以资计算可靠的标准差参数，此时检验评定只能直接根据每一检验批抽样的样本强度数据确定，即第 5.1.3 条的规定。为了提高检验的可靠性，本标准要求每批样本组数不少于 10 组。

2. 本次修订对《混凝土强度检验评定标准》GBJ 107—87 中标准差未知统计法的修改原则如下：

将原验收界限前面的系数去掉，即 [$0.9f_{cu,k}$] 改为 [$1.0f_{cu,k}$]，并把验收函数系数 λ_1 调整为：

试件组数	10～14	15～19	≥20
λ_1	1.15	1.05	0.95

同时，取消 GBJ 107 第 4.1.3 条公式中 $S_{f_{cu}} \geq 0.06f_{cu,k}$ 规定。

验收函数中的 λ_1 系数确定如下：根据《建筑工程施工质量验收统一标准》GB 50300—2001 第 3.0.5 条的规定，生产方风险和用户方风险均应控制在 5%以内。同时，设定可接收质量水平 AQL$=f_{cu,k}+1.645\sigma$（可接收质量水平相当于具有不低于 95%的保证率），极限质量水平 LQ$=f_{cu,k}+0.2533\sigma$（极限质量水平相当于具有不低于 60%的保证率）。调整 λ_1 的值，采用蒙特卡罗（monte-carlo）法进行多次模拟计算，在生产方供应的混凝土质量水平较好（数据离散性较小）的情况下，得到生产方风险（即错判概率 α）和用户方风险（漏判概率 β）基本可控制在 5%左右；当混凝土质量水平较差（数据离散性较大）时，也能使用户方风险始终控制在 5%以内。

本标准新方案与原标准的对比计算结果表明，新方案均严于原标准。对小于 C30 的混凝土，两者相差不大。但随着强度等级的提高（标准差随之降低），新方案比原标准越来越严格，但仍在适度范围。

在第 5.1.2 条、5.1.3 条中规定强度标准差计算值 $S_{f_{cu}}$ 不应小于 2.5 N/mm^2，是因为在实际评定中会出现 $S_{f_{cu}}$ 过小的现象。其原因往往是统计的混凝土检验期过短，对混凝土强度的影响因素反映不充分造成的。虽然也有质量控制好的企业可以达到这样的水平，但对于全国平均水平来讲，是达不到的。

公式（5.1.2-2）、（5.1.2-4）、（5.1.2-5）及（5.1.3-2）是关于最小值限制条件，其作用旨在防止出现实际的标准差过大情况，或避免出现混凝土强度过低的情况。

5.2 非统计方法评定

5.2.2 《混凝土强度检验评定标准》GBJ 107—87 中非统计方法所选用的参数是在过去混凝土强度普遍不高的情况下规定的。而随着混凝土不断高强化，高强混凝土应用越来越多时，原规定对强度等级为 C60 及以上的高强混凝土是过于严格的。因此，本次修订在采用蒙特卡罗法模拟计算的基础上，对 C60 及以上强度等级的高强混凝土强度评定作了适当调整。

附录B 《港口工程质量检验评定标准》强度评定及简要分析

《港口工程质量检验评定标准》JTJ 221—98 局部修订（2004 年 4 月 23 日发布）中关于混凝土工程规定的简要介绍及蒙特卡罗随机模拟验算。

基于对《港口工程质量检验评定标准》JTJ 221—98 局部修订（2004 年 04 月 23 日发布）中的统计评定条文的 Monte-Carlo 随机模拟结果验算推测，其 α 和 β 的取值分别为：生产方风险 $\alpha=0.10$，而使用方风险 $\beta=0.05$，认为这种选取较为合理，即对生产方提出了更高要求，而用户的利益得到进一步保障。但是港工标准没有列入标准差已知的"σ"统计评定法。

（1）验收批内试件的组数 n 不少于 5 时，其强度统计值必须同时符合下列公式的规定：

$$m_{f_{cu}}-S_{f_{cu}}\geqslant f_{cu,k} \quad \text{（均值评定条件）} \tag{B-1}$$

$$f_{cu,min}\geqslant f_{cu,k}-C\sigma_0 \quad \text{（最小值评定条件）} \tag{B-2}$$

系数 C 表 B-1

n	5～9	10～19	≥20
C	0.7	0.9	1.0

混凝土抗压强度标准差的平均水平 表 B-2

n	<C20	C20～C40	>C40
σ_0（MPa）	3.5	4.5	5.5

随机模拟计算的 α 和 β 值如表 B-3 所示。根据随机模拟计算结果可以推定 α 和 β 值的选取为：$\alpha=0.1$，$\beta=0.05$。

不同 n 值随机模拟计算的 α 和 β 值 表 B-3

n	α	β
5	0.1080	0.0425
9	0.1005	0.0078
10	0.0792	0.0069
19	0.1093	0.0002
20	0.0841	0.0003

（2）验收批内试件的组数 n 为 2～4 时，其强度统计值必须同时符合下列公式的规定：

$$m_{f_{cu}}\geqslant f_{cu,k}+D \quad \text{（均值评定条件）} \tag{B-3}$$

$$f_{cu,min}\geqslant f_{cu,k}-0.5D \quad \text{（最小值评定条件）} \tag{B-4}$$

D 的取值与 σ_0 相同。

随机模拟计算的 α 和 β 值如表 B-4 所示。

非统计评定法不同 n（2～4）值计算的 α 和 β 值对比 **表 B-4**

n	α	β
2	0.1830	0.0755
3	0.1519	0.0388
4	0.1321	0.0196

检验方法：检查试验报告和强度统计评定表。

检验数量：按验收批全数检查。用于混凝土强度的试件以在浇筑地点随机取样，标准养护 28d 的试件为准。取样数量：一次连续浇筑超过 $1000m^3$ 时，每 $200m^3$ 不少于 1 组；一次连续浇筑不超过 $1000m^3$ 时，每 $100m^3$ 不少于 1 组；每工作班浇筑不足 $100m^3$ 时，也不少于 1 组。

附录C 《铁路混凝土强度检验评定标准》

中华人民共和国行业标准

铁路混凝土强度检验评定标准

Standard for Check and Accept Concrete Strength of Railway

TB 10425—94

主编单位：铁道部第三工程局
批准部门：中华人民共和国铁道部
施行日期：1994年4月1日

中国铁道出版社

1 总　则

1.0.1 为了统一铁路工程混凝土强度的检验评定方法，确保混凝土强度的质量，制定本标准。

1.0.2 本标准适用于铁路工程混凝土抗压强度的检验评定。对于有特殊要求的混凝土，除应符合本标准外，尚应符合国家现行有关标准的规定。

铁路工业与民用建筑混凝土应按现行国家标准《混凝土强度检验评定标准》有关规定执行。

1.0.3 凡按混凝土标号进行设计，按本标准进行混凝土强度检验评定时，应按本标准附录A的规定，将设计采用的混凝土标号换算为相应的混凝土强度等级。施工时的配制强度也应作相应的换算。

2 一般规定

2.0.1 混凝土的强度等级应按立方体试件抗压强度标准划分。混凝土的强度等级采用符号C与立方体试件抗压强度标准值（以N/mm^2计）表示。

2.0.2 混凝土立方体试件抗压强度标准值系指按标准方法制作和养护的边长为150mm的立方体标准试件，在28 d龄期，用标准试验方法测得的抗压强度总体分布中的一个值，强度低于该值的百分率不得超过5%（即混凝土强度的标准值为强度总体分布的平均值减去1.645倍标准差）。

2.0.3 混凝土强度应分批进行检验评定。一个验收批的混凝土应由强度等级和龄期相同以及生产工艺和配合比基本相同的混凝土组成。对施工现场的现浇混凝土，还应按有关铁路工程质量评定验收标准的要求划分验收批。

2.0.4 预制混凝土构件厂和现场集中搅拌混凝土的施工单位，应按本标准规定的标准差已知或标准差未知方法检验评定混凝土强度。对于除桥跨结构以外的零小工程混凝土，可按本标准规定的小样本方法检验评定其强度。

2.0.5 预制混凝土构件厂和现场集中搅拌混凝土的施工单位，应定期对混凝土强度进行统计分析，控制混凝土质量。混凝土生产质量水平可按本标准附录B的要求确定。

2.0.6 混凝土施工前，应根据原材料、生产工艺、生产质量水平、施工现场等具体情况，参照本标准附录C的规定，选择适当的混凝土施工配制强度。

3 混凝土取样、试件制作、养护和试验

3.0.1 混凝土应在浇筑地点随机抽取试样，取样频率应符合下列要求：

3.0.1.1 每拌制同配合比的混凝土100盘，且不超过$100m^3$时，取样不得少于一组。

3.0.1.2 每一工作班拌制的同配合比混凝土不足100盘时，取样亦不得少于一组。

3.0.1.3 商品混凝土除在出厂前应按上述规定取样检验，并向使用单位提供产品质量合格证书外，运到浇筑地点后，使用单位仍应按上述规定抽样检验评定。

3.0.2 每组三块试件应同时从浇筑地点的混凝土中随机取样制作，其强度代表值应符合下列规定：

3.0.2.1 取三块试件强度的算术平均值作为每组试件的强度代表值，精确至0.1N/mm²。

3.0.2.2 当一组试件中强度的最大值或最小值与中间值之差超过中间值的15%时，取中间值作为该组试件的强度代表值。

3.0.2.3 当一组试件中强度的最大值和最小值与中间值之差均超过中间值的15%时，该组试件的强度值不应作为评定的依据。

3.0.3 当采用非标准尺寸的试件时，应将其抗压强度折算为标准试件的抗压强度。折算系数应按下列规定取用：

3.0.3.1 边长为100mm的立方体试件取0.95。

3.0.3.2 边长为200mm的立方体试件取1.05。

3.0.4 每个检验批混凝土应制作的试件总组数，除根据本标准4章规定的评定混凝土强度所必需的组数外，还应考虑结构或构件在施工阶段检验混凝土强度所必需的试件组数。

3.0.5 检验评定混凝土强度用的混凝土试件，其标准成型方法、标准养护条件及强度试验方法均应符合现行国家标准《普通混凝土力学性能试验方法》的规定。

3.0.6 当检验结构或构件在拆模、出池、预应力筋张拉或放张、出厂、吊装以及施工期间需短暂负荷的混凝土强度时，其试件应采用与结构或构件相同的成型方法和养护条件制作。

4 混凝土强度的检验评定

4.1 标准差已知方法检验

4.1.1 当混凝土的原材料、生产工艺及施工管理水平在较长时间内能保持一致，且同一品种混凝土的强度变异性又能保持稳定时，宜采用标准差已知方法检验混凝土强度。此时应取连续4组试件组成一个验收批，其强度应同时满足下列要求（$f_{1cu,min}$应取两式中的较大值）：

$$m_{1fcu} \geqslant f_{cu,k} + 0.8\sigma_0 \tag{4.1.1-1}$$

$$f_{1cu,min} \geqslant f_{cu,k} - 0.85\sigma_0 \tag{4.1.1-2}$$

$$f_{1cu,min} \geqslant 0.85 f_{cu,k} \tag{4.1.1-3}$$

式中 m_{1fcu}——同一验收批4组混凝土试件的抗压强度平均值（N/mm²）；

$f_{cu,k}$——混凝土立方体试件抗压强度标准值（N/mm²）；

σ_0——前一个检验期内同一种混凝土试件的抗压强度标准差（N/mm²），可按本标准（4.1.2）式计算；

$f_{1cu,min}$——同一验收批4组混凝土试件抗压强度中最小值（N/mm²）。

4.1.2 前一个检验期（检验期限不应超过三个月，且在该期间内的验收批总数不应少于12批，或试件总组数不应少于48组）内的同一品种混凝土试件的抗压强度标准差σ_0，可按下式计算：

$$\sigma_0 = \sqrt{\frac{\sum_{i=1}^{n} f_{0cu,i}^2 - m m_{0fcu}^2}{n-1}} \tag{4.1.2}$$

式中 $f_{0cu,i}$——前一个检验期第 i 组混凝土试件的抗压强度（N/mm^2）；

n——前一个检验期混凝土试件的组数；

m_{0fcu}——前一个检验期 n 组混凝土试件抗压强度的平均值（N/mm^2）。

4.2 标准差未知方法检验

4.2.1 当混凝土的原材料、生产工艺及施工管理水平在较长时间内不能保持一致，且同一品种混凝土的强度变异性又不能保持稳定时，或在前一个检验期内的同类混凝土没有足够数据能确定验收批混凝土试件的抗压强度标准差时，应采用标准差未知方法检验混凝土强度。此时应有 5 组或 5 组以上的试件组成一个验收批，其强度应满足下列要求：

$$m_{2fcu} \geqslant f_{cu,k} + 0.95_{\leftarrow fcu} \tag{4.2.1-1}$$

$$f_{2cu,min} \geqslant f_{cu,k} - A \cdot B \tag{4.2.1-2}$$

式中 m_{2fcu}——同一验收批 5 组或 5 组以上混凝土试件的抗压强度平均值（N/mm^2）；

$f_{cu,k}$——同一验收批 5 组或 5 组以上混凝土试件的抗压强度标准差（N/mm^2），可按本标准（4.2.2）式计算；

$f_{2cu,min}$——同一验收批 5 组或 5 组以上混凝土试件的抗压强度中的最小值（N/mm^2）；

A、B——混凝土强度检验系数，可分别按表 4.2.1-1 及表 4.2.1-2 取用。

混凝土强度检验系数 *A* 值 **表 4.2.1-1**

试件组数 n	5～9	10～19	≥20
A	0.85	1.10	1.20

混凝土强度检验系数 *B* 值 **表 4.2.1-2**

混凝土强度等级	＜C20	C20～C40	＞C40
B（N/mm^2）	3.5	4.5	5.5

附录D 国外相关标准及译文

D.1 ACI 318-05 原文及译文

CODE

5.3.1. —Sample standard deviation

5.3.1.1. —Where a concrete production facility has test records, a sample standard deviation, s_s, shall be established.

(a) Shall represent materials, quality control procedures, and conditions similar to those expected and changes in material and proportions within the test records shall not have been more restricted than those for proposed work;

(b) Shall represent concrete produced to meet a specified compressive strength or strengths within 7 MPa of f'_c;

(c) Shall consist of at least 30 consecutive tests or two groups of consecutive tests totaling at least 20 tests as defined in 5.6.2.4, except as provided in 5.3.1.2.

5.3.1.2. —Where a concrete production facility does not have test records meeting requirements of 5.3.1.1, but does have a record based on 15 to 29 consecutive tests, a sample standard deviation s_s shall be established as the product of the calculated sample standard deviation and modification factor of Table 5.3.1.2. To be acceptable, test records shall meet requirements (a) and (b) of 5.3.1.1, and represent only a single record of consecutive tests that span a period of not less than 45 calendar days.

—MODIFICATION FACTOR FOR SAMPLE STANDARD DEVIATION WHEN LESS THAN 30 TESTS ARE AVAILABLE TABLE 5.3.1.2

No. of tests*	Modification factor for sample standard deviation†
Less than 15	Use the table 5.3.2.2
15	1.16
20	1.08
25	1.03
30 or more	1.00

* Interpolate for intermediate numbers of tests.

†Modified sample standard deviation, s_s, to be determine required average strength, f'_{cr}, from 5.3.2.1.

标　准

5.3.1. 样本标准差

5.3.1.1 混凝土生产有试验检测记录的，就可以计算样本标准差 s_s。

a）它可以用来表示原材料、质量控制程序和其他条件是否与期望值一致，以及用来表示试验记录中原材料和配比的波动不必像原计划那么严格。

b）它可以表示所生产的混凝土是否满足抗压强度要求，或是超出 f'_c(抗压强度标准值）7MPa 以内。

c）除了像 5.3.1.2 中所提出的情况，它应包括至少 30 个连续组数，或者包括像 5.6.2.4 中所规定的两个连续组数，且总组数不少于 20 组。

5.3.1.2 如果混凝土供应方没有符合 5.3.1.1 中所要求的试验检测记录，而是组数在 15 到 29 个连续记录，那么，计算得出的样本标准差与表格 5.3.1.2 中修正系数的乘积作为样本标准差。如果只有一个时间跨度不少于 45d 的连续生产记录，但试验测试记录满足 5.3.1.1 中（a）和（b）的要求，也是可以接受的。

样本标准差的修正系数（少于 30 组的情况） **表 5.3.1.2**

试验组数*	样本标准差的修正系数†
少于 15 组	使用用表格 5.3.2.2
15	1.16
20	1.08
25	1.03
30 组及以上	1.00

* 处于表中所列试验组数之间的，插值处理。

† 修正后的样本标准，s_s, 依据 5.3.2.1 来确定平均强度验收界限值，f'_{cr} 。

COMMENTARY

The mixture selected should yield an average strength appreciably higher than the specified strength f'_c. The degree of mixture over design depends on the variability of the test results.

R5.3.1—Sample standard deviation

When a concrete production facility has a suitable record of 30consecutive tests of similar materials and conditions expected，the sample standard deviation，s_s, is calculated from those results in accordance with the following formula：

$$S_s = \left[\frac{\sum (x_i - \bar{x})^2}{(n-1)}\right]^{1/2}$$

Where：

S_s=sample standard deviation，MPa

x_i=individual strength tests as defined in 5.6.2.4.

$\bar{x}$=average of n strength test results

n=number of consecutive strength tests

The sample standard deviation is used to determine the average strength required in 5.3.2.1.

If two test records are used to obtain at least 30 tests，the sample standard deviation used shall be the statistical average of the values calculated from each test record in accordance with the following formula:

$$\bar{S}_s=\left[\frac{(n_1-1)(s_{s1})^2+(n_2-1)(s_{s2})^2}{(n_1+n_2-2)}\right]^{1/2}$$

Where

$\bar{S}_s$=statistical average standard deviation where two test records are used to estimate the sample standard deviation

s_{s1}, s_{s2}=sample standard deviation calculated from two test records, 1 and 2, respectively

n_1, n_2=number of tests in each test record, respectively

If less than 30, but at least 15 tests are available, the calculated sample standard deviation is increased by the factor given in Table 5.3.1.2. This procedure results in a more conservative (increased) required average strength. The factors in the Table 5.3.1.2 are based on the sampling distribution of the sample standard deviation and provide protection (equivalent to that from a record of 30 tests) against the possibility that the smaller sample underestimates the true or universe population standard deviation.

The sample standard deviation used in the calculation of required average strength should be developed under condition "similar to those expected" [see 5.3.1.1 (a)]. This requirement is important to ensure acceptable concrete.

注 释 说 明

混凝土的平均强度值应高于抗压强度标准值 f'_c。混凝土强度高出设计值的多少取决于试验测试结果的变异性。

R5.3.1—样本标准差

在原材料、生产条件等基本相同的条件下，混凝土供应方得到连续的 30 组试验结果，样本标准差 s_s，可根据下面的公式计算。

$$S_s=\left[\frac{\sum(x_i-\bar{x})^2}{(n-1)}\right]^{1/2}$$

式中：S_s=样本标准差，MPa；

x_i=强度测试值，见 5.6.2.4；

$\bar{x}$=试验测试结果的平均值；

n=连续组数。

根据 5.3.2.1，样本标准差可以用来确定抗压强度均值界限。

如果是用两组数据来计算样本标准差，且每组组数不少于 30，那么样本标准差，应根据每组数据计算得出的值利用下列公式求得的统计平均值来表示：

$$\bar{S}_s=\left[\frac{(n_1-1)(s_{s1})^2+(n_2-1)(s_{s2})^2}{(n_1+n_2-2)}\right]^{1/2}$$

$\bar{S}_s$—样本标准差，是由统计平均标准差估计得出。

s_{s1}，s_{s2}—分别为 1 和 2 两组试验测试结果的样本标准差。

n_1，n_2——分别为每组的试验组数。

如果试验测试组数大于等于 15 而小于 30 时，计算出的样本标准差应按表格 5.3.1.2 中所给的修正系数相应增长。这样就会导致更加保守（增加）的抗压平均强度验收界限值。表格 5.3.1.2 中的修正系数是基于样本标准差的采样分布，并对可能出现的对样本标准差真值的低估或总体标准差的状况提供了一种防备（保守）措施（相对于 30 组的测试结果）。

用于计算混凝土抗压强度平均值验收界限的样本标准差，应在“基本相同”的条件（见 5.3.1.1（a））下探讨。这一点对于确保接受所供应混凝土是非常重要的。

CODE

5.3.2—Required average strength

5.3.2.1—Required average compressive strength f'_{cr} used as the basis for selection of concrete proportion shall be determined from Table 5.3.2.1 using the sample standard deviation，s_s, calculated in accordance with 5.3.1.1 or 5.3.1.2.

—REQUIRED AVERAGE COMPRESSIVE STRENGTH WHEN DATA ARE AVAILABLE TO ESTABLISH A SAMPLE STANDARD DEVIATION

TABLE 5.3.2.1

Specified compressive strength，MPa	Required average compressive strength，MPa
$f'_c \leqslant 35$	Use the larger value computed from Eq. (5-1) and (5-2) $f'_{cr}=f'_c+1.34S_s$ (5-1) $f'_{cr}=f'_c+2.33S_s-3.5$ (5-2)
$f'_c > 35$	Use the larger value computed from Eq. (5-1) and (5-3) $f'_{cr}=f'_c+1.34S_s$ (5-1) $f'_{cr}=0.9f'_c+2.33S_s$ (5-3)

5.3.2.2—When a concrete production facility does not have field strength test records for calculation of S_s meeting requirement of 5.3.1.1 or 5.3.1.2，f'_{cr} shall be determined from Table 5.3.2.2 and documentation of average strength shall be in accordance with requirements of 5.3.3.

—REQUIRED AVERAGE COMPRESSIVE STRENGTH WHEN DATA ARE NOT AVAILABLE TO ESTABLISH A SAMPLE STANDARD DEVIATION

TABLE 5.3.2.2

Specified compressive strength，MPa	Required average compressive strength，MPa
$f'_c<21$	$f'_{cr}=f'_c+7$
$21\leqslant f'_c\leqslant 35$	$f'_{cr}=f'_c+8.3$
$f'_c>35$	$f'_{cr}=1.10f'_c+5$

标 准

5.3.2 平均抗压强度的规定值

5.3.2.1 平均抗压强度 f'_{cr} 验收界限作为混凝土配合比选择的依据，应根据样本标准差 S_s 按照 5.3.2.1 来确定。而样本标准差则根据表 5.3.1.1 和表 5.3.1.2 确定。

当样本标准差可以确定时，平均抗压强度的验收界限的计算方法　　表 5.3.2.1

抗压强度等级 MPa	平均抗压强度的验收界限 MPa
$f'_c \leqslant 35$	选取由公式（5-1）和（5-2）计算得出的较大值 $f'_{cr}=f'_c+1.34S_s$　(5-1) $f'_{cr}=f'_c+2.33S_s-3.5$　(5-2)
$f'_c > 35$	选取由公式（5-1）和（5-3）计算得出的较大值 $f'_{cr}=f'_c+1.34S_s$　(5-1) $f'_{cr}=0.9f'_c+2.33S_s$　(5-3)

5.3.2.2. 当混凝土供应方无法取得工程现场数据来根据 5.3.1.1 或是 5.3.1.2 计算样本标准差 S_s 时，f'_{cr} 将依据表 5.3.2.2 确定，而平均强度的资料则应符合 5.3.3 中的相应要求。

当数据不足以确定样本标准差时，平均抗压强度验收界限的计算方法　表 5.3.2.2

抗压强度要求值 MPa	平均抗压强度验收界限 MPa
$f'_c<21$	$f'_{cr}=f'_c+7$
$21\leqslant f'_c\leqslant 35$	$f'_{cr}=f'_c+8.3$
$f'_c>35$	$f'_{cr}=1.10f'_c+5$

COMMENTARY

Concrete for background tests to determine sample standard deviation is considered to be "similar" to that required if made with the same general types of ingredients under no more restrictive conditions of control over material quality and production methods than on the proposed work, and if its specified strength does not deviate more than 7 MPa from the f'_c required [see 5.3.1.1 (b)]. A change in the type of concrete or a major increase in the strength level may increase the sample standard deviation. Such a situation might occur with a change in type of aggregate (i.e., from natural aggregate to lightweight aggregate or vice versa) or a change from non-air-entrained concrete to air-entrained concrete. Also, there may be an increase in sample standard deviation when the average strength level is raised by a significant amount, although the increment of increase in sample standard deviation should be somewhat less than directly proportional to the strength increase. When there is reasonable doubt, any estimated sample standard deviation used to calculate the required average strength should always be on the conservative (high) side. Note that the code uses the sample standard deviation in pounds per square inch instead of the coefficient of variation in percent. The latter is equal to the former expressed as a percent of the average strength.

Even when average strength and sample standard deviation are of the levels assumed, there will be occasional tests that fail to meet the acceptance criteria prescribed in 5.6.3.3 (perhaps 1 test in 100).

R5.3.2—Required average strength

R5.3.2.1—Once the sample standard deviation has been determined, the required average compressive strength, f'_{cr} is obtained from the larger value computed from Eq. (5-1) and (5-2) for f'_c of 35 MPa or less, or the larger value computed from Eq. (5-1) and (5-3) for f'_c over 35 MPa. Equation (5-1) is based on a probability of 1-in-100 that the average of three consecutive tests may be below the specified compressive strength f'_c. Equation (5-2) is based on a similar probability that an individual test may be more than 3.5MPa below the specified compressive strength f'_c. Equation (5-3) is based on the same 1-in-100 probability that an individual test may be less than $0.90f'_c$.

These equations assume that the sample standard deviation used is equal to the population value appropriate for an infinite or very large number of tests. For this reason, use of sample standard deviations estimated from records of 100 or more tests is desirable. When 30 tests are available, the probability of failure will likely be somewhat greater than 1-in-100. The additional refinements required to achieve the 1-in-100 probability are not considered necessary, because of the uncertainty inherent in assuming that conditions operating when the test record was accumulated will be similar to conditions when the concrete will be produced.

注释说明

如果所用原材料相同，原材料控制、生产条件、质量控制等环节与计划也相同，而且强度值与强度等级标准值 f'_c的偏离值不超过 7MPa［见 5.3.1.1（b）］，那么认为，确定样本标准差的试验用混凝土与所供应的混凝土“相同”。混凝土类型的变化或是强度等级水平的大范围增长，都可能导致样本标准差的增大。当骨料的类型发生变化（例如，天然骨料换为轻骨料或轻骨料换为天然骨料），或是从非引气混凝土到引气混凝土的变化，均会导致这种情况发生。而且，当平均强度等级水平有很大量的增长时，样本标准差也会增大，尽管样本标准差的增大量会略微小于平均强度等级水平增长的比例（即，变异系数变小）。这里有一个合乎情理的疑问，无论哪种用来确定平均抗压强度验收界限的样本标准差估计值，总是站在保守的一边（即，样本标准差的估计值偏高）。

注意，标准中使用样本标准差是以磅/平方英寸表示，而不是百分比的变化系数。后者相当于前者表达为平均强度的百分比。

即使平均强度和样本标准差均处于设定的水平，依然偶尔会出现测试不符合 5.6.3.3 中规定的验收条文（也许 100 个测试中会出现一次）。

R5.3.2 平均抗压强度的规定值

R5.3.2.1 一旦样本标准差确认，当 f'_c小于或等于 35MPa 时，平均抗压强度验收界限 f'_{cr}为由公式（5-1）和（5-2）计算得出的较大值；当 f'_c大于 35MPa 时，为由公式（5-1）和（5-3）计算得出的较大值。公式（5-1）是基于连续的 3 组数的平均值低于抗压强度标准值 f'_c的概率为百分之一得到的。公式（5-2）是基于一个独立组数据加上 3.5MPa 低于指定抗压强度标准值 f'_c的概率为百分之一。公式（5-3）是基于一个独立组数据低于 $0.90f'_c$的概率为百分之一。

这些公式假设所用样本标准差适用并等于无限或大量测试的总体标准差。正是由于这个原因，我们希望从 100 个或更多的测试数据来计算其样本标准差。当测试数据为 30 时，错判概率可能会略微大于百分之一。与混凝土生产类似，试验数据积累的操作条件存在很多的不确定性，因而，没有必要为达到百分之一概率而对样本标准差做进一步的精确估计。

CODE

5.3.3—Documentation of average compressive strength

Documentation that proposed concrete proportions will produce an average compressive strength equal to or greater than required average compressive strength f'_{cr}(see 5.3.2.) shall consist of a field strength test record, several strength test records, or trial mixtures.

5.3.3.1—When test records are used to demonstrate that proposed concrete proportions will produce f'_{cr}(see 5.3.2.), such records shall represent materials and conditions similar to those expected. Change in materials, conditions, and proportions within the test records shall not have been more restricted than those for proposed work. For the purpose of documenting average strength potential, test records consisting of less than 30 but not less than 10 consecutive tests are acceptable provided test records encompass a period of time not less than 45 days. Required concrete proportions shall be permitted to be established by interpolation between the strengths and proportions of two or more test records, each of which meets other requirement of this section.

5.3.3.2—when an acceptable record of field test results is not available, concrete proportions established from trial mixtures meeting the following restriction shall be permitted:

(a) Material shall be those for proposed work;

(b) Trial mixtures having proportions and consistencies required for proposed work shall be made using at least three different water-cementitious materials ratios or cementitious materials contents that will produce a range of strengths encompassing f'_{cr};

(c) Trial mixtures shall be designed to produce a slump within ±20mm of maximum permitted, and for air-entrained concrete, within ±0.5 percent of maximum allowable air content;

(d) For each water-cementitious materials ratio or cementitious materials content, at least three test cylinders for each test age shall be made and cured in accordance with "Standard Practice for Making and Curing Concrete Test Specimens in the Laboratory" (ASTM C 192M). Cylinders shall be tested at 28 days or at test age designated for determination of f'_c.

(e) From results of cylinder tests a curve shall be plotted showing the relationship between water-cementitious materials ratio or cementitious materials content and compressive strength at designated test age;

(f) Maximum water-cementitious material ratio or minimum cementitious materials content for concrete to be used in proposed work shall be that shown by the curve to produce f'_{cr} required by 5.3.2, unless a lower water-cementitious materials ratio or higher strength is required by Chapter 4.

标　准

5.3.3　平均抗压强度文档

文档应提出混凝土的配合比，并使得平均抗压强度大于等于平均抗压强度验收界限值 f'_{cr}（见5.3.2）。它还应包含一个工程现场强度，几组强度试验数据以及试配混凝土配合比。

5.3.3.1　当试验数据用来表示所提出的混凝土配合比并得出 f'_{cr}（见5.3.2）时，那么，得到这些数据的混凝土所用原材料和生产条件等与预期相同。原材料、生产条件、配合比等因素的变化无须比原计划严格。

为了达到记录平均强度潜力值的目的，时间跨度超过45d，少于30但大于10个的连续组数据也是可以接受的。如果每组数据同时也符合本章节的其他要求，可以通过插值处理两个及两个以上试验组数据的强度值和配合比，来确立所需的混凝土配合比。

5.3.3.2　当现场测试结果中不能满足要求时，那么通过试配确立的混凝土配合比若符合下列条件时，也是允许的：

（a）所用原材料与计划相同。

（b）和易性等性能满足要求的混凝土试配配合比，通过不少于三个水胶比或包括 f'_{cr} 的强度范围所用胶凝材料用量。

（c）所设计的试配配合比，坍落度最大误差在±20mm范围内，对于引气混凝土，含气量最大误差控制在±0.5百分比范围内。

（d）对于每个水胶比或者胶凝材料用量，每个试验龄期至少有三个圆柱体试件，试件的制作和养护应符合“实验室混凝土试样的制作和养护标准”（ASTM C 192M）要求。圆柱体试件应在28d龄期或设计龄期进行试验以测试 f'_c。

（e）根据圆柱体试件测试结果，可以绘制不通设计龄期水胶比或胶凝材料用量与抗压强度之间的关系曲线。

（f）除了第4章所要求的较低水胶比或更高强度，从关系曲线上可以看出根据5.3.2确定用混凝土的最大水胶比或最小胶凝材料用量所对应的 f'_{cr}。

COMMENTARY

R5.3.3.—Documentation of average compressive strength

Once the required average compressive strength f'_{cr} is known, the next step is to select mixture proportions that will produce an average strength at least as great as the required average strength, and also meet special exposure requirements of Chapter 4. The documentation may consist of a strength test record, several strength test record, or suitable laboratory or field trial mixtures. Generally, if a test record is used, it will be the same one that was used for computation of the standard deviation. However, if this test record shows either lower or higher average compressive strength than the required average compressive strength, different proportions may be necessary or desirable. In such instances, the average from a record of as few as 10 tests may be used, or the proportions may be established by interpolation between the strengths and proportions of two such records of consecutive tests. All test records for establishing proportions necessary to produce the average compressive strength are to meet the requirements of 5. 3. 3. 1 for "similar materials and conditions."

For strength over 35 MPa where the average compressive strength documentation is based on laboratory trial mixtures, it may be appropriate to increase f'_{cr} calculated in Table 5. 3. 2. 2 to allow for a reduction in strength from laboratory trials to actual concrete production.

注释说明

R5. 3. 3 平均抗压强度文档

当平均抗压强度验收界限 f'_{cr}确定下来，下一步就是选择一个配合比，使之产生的平均强度不小于需平均强度验收界限值，同时也满足第四章的所列的特殊要求。该文档可包含一个强度试验数据，几个强度试验数据，以及合适的实验室或者现场试配拌合物配合比。一般来说，如果一个试验数据被使用，它也同时被用来计算标准差。然而，假如该试验数据所显示的平均抗压强度低于或高于平均抗压强度验收界限值，那么就应该选择另外的配合比。在这种情况下，则使用至少10个及以上的试验数据得到的平均值，或者根据这两个连续的试验数据的强度值和配合比插值计算得到。为确定所需配合比而得到平均抗压强度值的所有试验数据，均应满足5. 3. 3. 1中“原材料和生产条件基本相同”的要求。

当强度大于35MPa时，平均抗压强度文档是基于实验室的试配，考虑到从实验室试配到实际生产会产生一个平均强度值的下降，所以，应当适当提高根据表5. 3. 2. 2计算出的 f'_{cr}值。

D. 2 BS EN206-1：2000 及译文

8 Conformity control and conformity criteria

8. 1. General

Conformity control comprises the combination of actions and decisions to be taken in accordance with conformity rules adopted in advance to check the conformity of the concrete with the specification. Conformity control is an integral part of production control (see Clause 9).

NOTE: The properties of concrete used for conformity control are those measured by the appropriate tests using standardized procedures. The actual values of the properties of the concrete in the structure may differ from those determined by the tests depending on, e. g. dimensions of the structures, placing, compaction, curing and climatic conditions.

The sampling and testing plan and conformity criteria shall conform to the procedures given in 8. 2 or 8. 3. These provisions apply also to concrete for precast products unless the specific product standard contains an equivalent set of precisions. If higher sample rates are required by the specifier, this shall be agreed in advance. For properties not covered in these clauses, the sampling and testing plan, method of test and conformity criteria shall be agreed upon between the producer and specifier.

The place of sampling for conformity test shall be chosen such that the relevant concrete properties and concrete composition do not change significantly between the place of sampling and the place of delivery. In the case of light-weight concrete produced with unsaturated aggregates, the samples shall be taken at the place of delivery.

Where tests for production control are the same as those required for conformity control, they shall be permitted to be taken into account for the evaluation of conformity. The producer may also use other test data on the delivered concrete in the conformity assessment.

The conformity or non-conformity is judged against the conformity criteria. Non-conformity may lead to further action at the place of production and on the construction site (see 8. 4).

8. 2. Conformity control for designed concrete

8. 2. 1. Conformity control forcompressive strength

8. 2. 1. 1. General

For normal-weight and heavy-weight concrete of strength classes from C8/10 to C55/67 or light-weight concrete from LC8/9 to LC 55/60, sampling and testing shall be performed either on individual concrete compositions or on concrete families of established suitability (see 3. 1. 14) as determined by the producer unless agreed otherwise.

The family concept shall not be applied to concrete with higher strength classes. Light-weight concrete shall not be mixed into families containing normal-weight concrete. Light-weight concrete with demonstrably similar aggregates may be grouped into its own family.

NOTE: Forguidance for the selection of concrete families, see Annex K. More detailed information for the application of the concrete family concept is given in CEM Report (13901).

In the case of concrete families, the producer shall achieve control over all family members and sampling shall be carried out across the whole range of concrete composition produced within the family.

Where conformity testing is applied to a concrete family, a reference concrete is selected which is either that most commonly produced or one from the mid-range of the concrete family. Relationships are established between each individual concrete composition of the family and the reference concrete in order to be able to transpose test results for compressive strength from each individual concrete test result to the reference concrete. The relationships shall be reviewed on the basis of original compressive strength test data at every assessment period and when there are appreciable changes in the production conditions. In addition, when assessing conformity for the family, it has to be confirmed that each individual member belongs to the family (see 8. 2. 1. 3).

In the sampling and testing plan and the conformity criteria of individual concrete compositions or concrete families, distinction is made between initial production and continuous production.

Initial production covers the production until at least 35 test results are available.

Continuous production is achieved when at least 35 test results are obtained over a period not exceeding 12 months.

If the production of an individual concrete composition, or a concrete family, has been suspended more than 12 moths, the producer shall adopt the criteria, sampling and testing plan given for initial production.

During continuous production, the producer may adopt the sampling and testing plan and the criteria for initial production.

If the strength is specified for a different age, the conformity is assessed on specimens tested at the specified age.

Where identity of a defined volume of concrete with a population verified as conforming to the characteristic strength requirements is to be assessed, e. g. if there is doubt about the quality of a batch or load or if in special cases required by the project specification, this shall be in accordance with Annex B.

8. 2. 1. 2. Sampling and testing plan

Sampling of concrete shall be randomly selected and taken in accordance with EN12350-1. Sampling shall be carried out on each family of concrete (see 3. 1. 14) produced under condition that are deemed to be uniform. The minimum rate of sampling and testing of concrete shall be in accordance with Table 13 at the rate that gives the highest number of samples for initial or continuous production, as appropriate.

Notwithstanding the sampling requirements in 8. 1, the samples shall be taken after any water or admixture are added to the concrete under the responsibility of the producer, but sampling before addingplasticizer or superplasticizer to adjust the consistence (see 7. 5) is permitted where there is proof by initial testing that the plasticizer or superplasticizer in the quantity to be used has no negative effect on the strength of the concrete.

The test result shall be that obtained from an individual specimen or the average of the results when two or more specimens made from one sample are tested at the same age.

Where two or more specimens are made from one sample and the range of the test values is more than 15% of the mean then the results shall be disregarded unless an investigation reveals an acceptable reason to justify disregarding an individual test value.

—Minimum rate of sampling for assessing conformity **Table 13**

Production	Minimum rate of sampling		
	First 50m^3 of production	Subsequent to first 50m^3 of production[a]	
		Concrete with production control certification	Concrete without production control certification
Initial (until at least 35 test results are obtained)	3 sample	1/200m^3 or 2/production week	1/150m^3 or 1/production day
Continuous[b] (when at least 35 test results are available)		1/400m^3 or 1/production week	

[a] Sampling shall be distributed throughout the production and should not be more than 1 sample within each 25m^3.

[b] Where the standard deviation of the last 15 test results exceed 1. 37σ, the sampling rate shall be increased to that required for initial production for the next 35 test results.

8. 2. 1. 3. Conformity criteria for compressive strength

Conformity assessment shall be made on test results taken during an assessment period that shall not exceed the last twelve months.

Conformity of concrete compressive strength is assessed on specimens tested at 28 days[1)] in accordance with 5. 5. 1. 2 for

—groups of n non-overlapping or overlapping consecutive test results f_{cm} (Criterion 1);

—each individual test result f_{ci} (Criterion 2) .

NOTE: The conformity criteria are developed on the basis of non-overlapping test results. Application of the criteria to overlapping test results increases the risk of rejection.

[1)] If the strength is specified for a different age the conformity is assessed on specimens tested at the specified age.

Conformity is confirmed if both the criteria given in Table 14 for either initial or continuous production are satisfied.

Where conformity is assessed on the basis of a concrete family, Criterion 1 is to be applied to the reference concrete taking into account all transposed test results of the family; Criterion 2 is to be applied to the original test results.

To confirm that each individual member belongs to the family, the mean of all non-transposed test results (f_{cm}) for a single family member shall be assessed against Criterion 3 as given in Table 15. Any concrete failing this criterion shall be removed from the family and assessed individually for conformity.

—Conformity criteria for compressive strength **Table 14**

Production	Number n of test results for compressive strength in the group	Criterion 1	Criterion 2
		Mean of n results (f_{cm}) N/mm^2	Any individual test result (f_{ci}) N/mm^2
Initial	3	$\geqslant f_{ck}+4$	$\geqslant f_{ck}-4$
Continuous	Not less than 15	$\geqslant f_{ck}+1.48\sigma$	$\geqslant f_{ck}-4$

—Confirmation criterion for family members Table 15

Number n of test results for compressive strength for a single concrete	Criterion 3 Mean of n results (f_{cm}) for a single family member N/mm^2
2	$\geqslant f_{ck}-1.0$
3	$\geqslant f_{ck}+1.0$
4	$\geqslant f_{ck}+2.0$
5	$\geqslant f_{ck}+2.5$
6	$\geqslant f_{ck}+3.0$

Initially, the standard deviation shall be calculated from at least 35 consecutive test results taken over a period exceeding three months and which is immediately prior to the production period during which conformity is to be checked. This value shall be taken as the estimate of the standard deviation (σ) of the population. The validity of the adopted value has to be verified during the subsequent production. Two methods of verifying the estimate of the value of σ are permitted, the choice of the method shall be made in advance.

Method 1

The initial value of standard deviation may be applied for the subsequent period during which conformity is to be checked, provided the standard deviation of the latest 15 results (s_{15}) does not deviate significantly from the adopted standard deviation. This is considered valid provided:

—$0.63\sigma \leqslant s_{15} \leqslant 1.37\sigma$

—Where the value of s_{15} lies outside these limits, a new estimate of σ shall be determined form the last available 35 test results.

Method 2

—The new value of σ may be estimated from a continuous system and this value is adopted. The sensitivity of the system shall be at least that of Method 1.

The new estimate of σ shall be applied to the next assessment period.

8.2.2. Conformity control for tensile splitting strength[1)]

8.2.2.1. General

Clause 8.2.1.1 applies, but the concept of concrete families is not applicable. Each concrete composition shall be assessed separately.

8.2.2.2. Sampling and testing plan

Clause 8.2.1.2 applies.

8.2.2.3. Conformity criteria for tensile splitting strength

Where tensile splitting strength of concrete is specified, conformity assessment shall be made on test results taken during an assessment period that shall not exceed the last twelve months.

Conformity of concrete tensile splitting strength is assessed on specimens tested at 28 days, unless a different age is specified in accordance with 5.5.1.3 for:

—groups of n non-overlapping or overlapping consecutive test results f_{tm} (Criterion 1)
—each individual test result f_{ti} (Criterion 2)
Conformity with the characteristic tensile splitting strength (f_{tk}) is confirmed if the test results satisfy both the criteria in Table 16 for either initial or continuous production as appropriate.

[1] Where flexural strength is specified, the same approach may be used.

—conformity criteria for tensile splitting strength **Table 16**

Production	Number n of results in the group	Criterion 1	Criterion 2
		Mean of n results (f_{tm}) in N/mm^2	Any individual test results (f_{ti}) in N/mm^2
Initial	3	$\geqslant f_{tk}+0.5$	$\geqslant f_{tk}-0.5$
Continuous	Not less than 15	$\geqslant f_{tk}+1.48\sigma$	$\geqslant f_{tk}-0.5$

The provisions for the standard deviation given in Clause 8. 2. 1. 3 shall be applied accordingly.

8. 2. 3. Conformity control for properties other than strength

8. 2. 3. 1. Sampling and testing plan

Samples of concrete shall be randomly selected and taken in accordance with EN 12350-1. Sampling shall be carried out on each family of concrete produced under conditions that are deemed to be uniform. The minimum number of samples and the methods of test shall be in accordance with Table 17 and 18.

8. 2. 3. 2. Conformity criteria for properties other than strength

Where properties of concrete other than strength are specified, conformity assessments shall be made on running production over the assessment period that shall not exceed the last twelve months.

Conformity of concrete is based on counting the number of results obtained in the assessment period that lie outside the specified limiting values, class limits or tolerances on a target value and comparing this total with the maximum permitted number (method of attributes).

Conformity with the required property is confirmed if:

—the number of test results outside the specified limiting value, class limits or tolerances on a target values, as appropriate, are not greater than the acceptance number in Table 19a or 19b as given in Table 17 and 18. Alternatively in case of (AWL=4%), the requirement may be based on testing by variables in accordance with ISO 3951: 1089 Table Ⅱ-A (AQL=4%) where the acceptance number relates to Table 19a;

—all individual test results are within the maximum allowed deviation given in Table 17 or Table 18.

conformity criteria for properties other than strength **Table17**

Property	Test method or method of determination	Minimum number of samples or determinations	Acceptance number	Maximum allowed deviation of single test results from the limits of the specified class or from the tolerance on specified target value	
				Low value	Upper value
Density of heavy-weight concrete	EN12390-7	As table 13 for compressive strength	See table 19a	$-30kg/m^3$	No limit[a]
Density of light-weight concrete	EN12390-7	As table 13 for compressive strength	See table 19a	$-30kg/m^3$	$+30kg/m^3$
Water/cement ratio	See 5. 4. 2	1 determination per day	See table 19a	No limit[a]	+0. 02
Cement content	See 5. 4. 2	1 determination per day	See table 19a	$-10kg/m^3$	No limit[a]
Air content of air-entrained fresh concrete	EN 12350-7 for normal-weight and heavy-weight concrete and ASTM C 173 for light-weight concrete	1 sample/production day when stabilized	See table 19a	−0. 5% absolute value	+1. 0% absolute value
Chloride content of concrete	See 5. 2. 7	The determination shall be made for each concrete composition and shall be repeated if there is an increase in the chloride content of any of the constituents	0	No limit[a]	No higher value permitted

[a]Unless limits are specified

—Conformity criteria for consistence **Table 18**

Test method		Minimum number of samples or determinations	Acceptance number	Maximum allowed deviation[a] of single test results from the limits of the specified class or from the tolerance on the specified target value	
				Lower value	Upper value
Visual inspection	Comparison of the appearance with the normal appearance of concrete with the specified consistence	Each batch; for vehicle deliveries, each load	—	—	—

续表

Test method		Minimum number of samples or determinations	Acceptance number	Maximum allowed deviation[a] of single test results from the limits of the specified class or from the tolerance on the specified target value	
				Lower value	Upper value
Slump	EN 12350-2	i) frequency as given in Table 13 for compressive strength ii) when testing air content iii) in case of doubt following visual inspection	see Table 19b	−10mm	+20mm
				−20mm[b]	+30mm[b]
Vebe time	EN 12350-3		see Table 19b	−2sec	+4sec
				−4sec[b]	+6sec[b]
Degree of compactability	EN 12350-4		see Table 19b	−0.03	+0.05
				−0.05[b]	+0.07[b]
Flow	EN 12350-5		see Table 19b	−20mm	+30mm
				−30mm[b]	+40mm[b]

[a] Where there is no lower or upper limit in the relevant consistence class, these deviations do not apply.

[b] Only applicable for consistence testing from initial discharge from truck mixer (see 5.4.1).

8.3 Conformity control of prescribed concrete including standardized prescribed concrete

Each batch of a prescribed concrete shall be assessed for conformity with the cement content, maximum nominal size and proportions of aggregates if specified and, where relevant, water/cement ratio, quantity of admixture or addition. The amount of cement, aggregate (each specified size), admixture and addition as recorded in the production record or the printout from the batch recorder shall be within the tolerances given in Table 21, and the water/cement ratio shall be within ±0.04 of the specified value. In the case of standardized prescribed concrete, the equivalent tolerances may be given in the relevant standard.

Where conformity of concrete composition is to be assessed by analysis of fresh concrete, the test methods and conformity limits shall be agreed between the user and the producer in advance, taking account of the above limits and the precision of the test methods.

Where conformity of the consistence is to be assessed, the relevant paragraphs of 8.2.3 and Table 18 apply.

For the:

—cement type and strength class;

—types of aggregates;

—type of admixture or addition, if any;

—sources of concrete constituents, where specified;

the conformity shall be assessed by comparison of the production record and the delivery documents for the
constituents with the specified requirements.

—Acceptance number for conformity criteria for properties other than strength

Table 19a and 19b

Table 19a AQL=4%

Number of test results	Acceptance number
1-12	0
13-19	1
20-31	2
32-39	3
40-49	4
50-64	5
65-79	6
80-94	7
95-100	8

Where the number of test results exceeds 100, the appropriate acceptance number may be taken form table 2-A of ISO2859-1：1999

Table 19b AQL=15%

Number of test results	Acceptance number
1-2	0
3-4	1
5-7	2
8-12	3
13-19	5
20-31	7
32-49	10
50-79	14
80-100	21

8.4. Actions in the case of non-conformity of the product

The following action shall be taken by the producer in the event of non-conformity：

—check test results and if invalid, take action to eliminate errors；

—if non-conformity is confirmed e. g. by retesting, take corrective actions including a management review of relevant production control procedures；

—where there is confirmed non-conformity with the specification that was not obvious at delivery, give notice to the specifier and user in order to avoid any consequential damage；

—record actions on the items above

If non-conformity of concrete results from addition of water or admixtures on site（see 7. 5），the producer has to take actions only if he has authorized this addition.

NOTE：if the producer has given notice of non-conformity of the concrete or if the results of conformity tests do notfulfill the requirements，supplementary testing according to EN 12504-1 on cores taken from the structure or components may be required or a combination of tests on cores and non-destructive tests on the structure or components，e. g. according to EN 12504-2 or prEN12504-4：1999. Guidance for assessing the strength in the structure or in structural components is given in prEN 13791：1999.

BS EN206-1：2000 译文

8. 合格性控制和合格性界限

8.1 总则

合格性控制包括，事前根据标准规范的合格性评定规则来检查混凝土是否合格所采取的一系列措施和决定。（见第 9 条文）。

注意：用于合格性控制的混凝土性能参数，是按照标准规范正确测试试验得到的。由于尺寸效应、所处部位不同、振捣密实度、养护以及天气条件等因素的不同，结构中混凝土性能的实际参数值可能与试验检测值有所不同。

取样，试验计划和合格性评定界限均应遵照 8. 2 或 8. 3 程序进行。除了制定的产品标准包括了类似相同的精度要求，这些条文规定同样适用于预制混凝土产品。如果使用方要求更为频繁的取样频率时，双方应事先协商达成一致。条文规定中未涉及的性能参数，供需双方应在试验测试方法和合格性验收界限上达成一致。

合格性测试的取样地点应该选择那些在取样地点和运输地之间混凝土相关性能和混凝土成分没有发生明显的变化的地方。对于使用未饱和的轻骨料生产轻质混凝土的混凝土情况时，应在运输地进行取样。

对于生产质量控制试验测试与合格性控制的要求一样时，它们也允许用于合格性评定。在进行合格性评定时，生产方也可以已交付使用的混凝土测试数据。

合格与否是通过合格性验收界限来判定的。对于评定不合格的情况，生产供应地点和施工现场都应采取进一步措施来解决（见 8. 4）。

8.2 所设计的混凝土的合格性控制

8.2.1 抗压强度的合格性控制

8.2.1.1 总则

对于强度等级在普通 C8/10 到 C55/67 之间的表观密度混凝土和重混凝土，或者 LC8/9到 LC 55/60 之间的轻混凝土，除非另有约定，取样和试验测试均应按照单独混凝土组分或由生产方按适用性条件（见 3. 1. 14）划分的类别（种类）执行。

对于高强等级的混凝土而言，不应使用混凝土类别（种类）的概念。轻质混凝土不应混淆在普通容重的混凝土类别中。有明确相似骨料的轻混凝土可归为单独的一种类别。

注意：关于混凝土类别选择的导则，见附件 K。CEM 报告（13901）中给出了关于混凝土类别概念应用的详细情况。

对于各种不同类别的混凝土，生产商应对所属类别的混凝土进行控制，并对所属类别中整个范围内混凝土进行取样。

对某一类别的混凝土进行合格性试验时，要选择一个最常生产的或者在该类别中处于中间范围的基准混凝土。为了使每单独批混凝土的强度数据和基准混凝土强度数据之间可以实现相互换算，该类别中每单独批混凝土应与基准混凝土之间建立相互关系。在每个评定周期以及当生产条件发生明显变化时，应根据初始强度数据复核该换算关系的准确性。此外，对该类别混凝土进行合格性评定时，必须确定每批混凝土均属于该类别混凝土（见8.2.1.3）。

对于各单独批混凝土或者不同类别的混凝土，初期生产和连续生产的取样和试验计划以及合格性验收界限均有所区别。

在取得 35 个试验测试结果之前的生产是初期生产。

取得 35 个试验测试结果，且时间跨度不超过 12 个月的生产是连续生产。

如果某组成成分混凝土或某混凝土类别，停滞生产超过 12 个月，生产方应按初期生产对待，采用其界限值、取样和试验计划。

在连续生产过程中，生产商也可以采用初期生产所使用的界限，取样和试验计划。

如果是不同龄期所对应的混凝土强度，那么应在指定的龄期对测试试件进行合格性评定。

当要确认某一既定容量混凝土是否达到特定强度要求，而进行合格性评定时。例如：如果对一批或一车混凝土质量有怀疑，或者工程有特殊要求时，应按照附录 B 执行。

8.2.1.2 取样和试验计划

混凝土取样应随机抽取，并依照 EN12350-1 的规定执行。取样应该对被认为一致的条件下生产的某类混凝土进行（见 3.1.14）。最小取样频率和试验按照表 13 进行，该表给出了初期生产和连续生产对应的合适的取样频率。

合格性评定的最小取样频率 **表 13**

生产	最小取样频率		
	最初生产的 $50m^3$	$50m^3$ 之后的后续生产[a]	
		有生产控制检定的混凝土	无生产控制检定的混凝土
初期生产（直到至少取得 35 个试验数据）	3 个样本	$1/200m^3$ 2/生产周	$1/150m^3$ 1/生产日
连续生产[b]		$1/400m^3$ 1/生产周	

[a]取样应分散在整个生产过程中，且每 $25m^3$ 的取样不超过 1 个。

[b]当最后 15 个试验结果的标准偏差超过 1.37σ 时，对于下一轮 35 个试验结果，取样频率率应提高到初期生产的取样频率要求

虽然按照 8.1 的取样要求，由生产方负责的加水、外加剂完成之后才能进行取样。但是，当最初试验能够证明所用塑化剂或超塑化剂的适量添加混凝土强度结果没有负面影响时，取样后为调节混凝土的和易性而添加适量的塑化剂或超塑化剂（见 7.5）也是允许的。

试验结果应当从一个独立的试件获得，或者在相同龄期从同一样本制作的两个或两个以上试件的平均值获得。

当从同一个样本制作两个或两个以上的试件，且其测试结果超过平均值的15%时，试验结果予以忽略，除非调查表明有适当可接受的理由来证明对一个独立测试值的忽略不计。

8.2.1.3 抗压强度的合格性验收界限

合格性评定应当根据不超过最近12个月的评定期内的试验结果进行。

混凝土抗压强度的合格性评定是根据5.5.1.2在28d龄期[1]对试件试验测试结果进行的，对下列两种情况进行：

—n个无重叠或重叠的连续生产试验结果f_{cm}（界限1）。

—每个独立的测试结果f_{ci}（界限2）。

注意：合格性验收界限是基于无重叠的试验测试结果而提出的。因此，当将它应用于可重叠的试验测试结果时，会增加拒收的风险。

[1]如果对混凝土强度有不同的龄期要求，那么合格性评定就应该对相应龄期的试验结果进行。

无论对于初期生产还是连续性生产，如果表14中给出的两个评定条文均满足，则合格性验收通过。

当混凝土的合格性评定是按照某一混凝土类别进行时，为考虑该种混凝土类别内试验结果的相互换算，评定条文1适用于基准混凝土；评定条文2适用于初始测试结果。

为确认某单独批混凝土是否属于这类混凝土该批混凝土未经换算试验结果的平均值（f_{cm}）应当按照表15中给出的验收界限条文3来进行评定。当按界限条文3验收不通过时，那么它不应划归为该类混凝土，并应独立进行合格性评定。

抗压强度的合格性验收界限 **表14**

生产情况	抗压强度测试结果数目n	界限1	界限2
		n个结果的平均值，（f_{cm}）N/mm²	独立测试结果（f_{ci}）N/mm²
初期	3	$\geqslant f_{ck}+4$	$\geqslant f_{ck}-4$
连续	不少于15	$\geqslant f_{ck}+1.48\sigma$	$\geqslant f_{ck}-4$

同种类混凝土内各批混凝土的验收界限 **表15**

对于某单独混凝土，抗压强度测试数据个数	界限3
	对于一个单独混凝土，n个试验结果的平均值，（f_{cm}）N/mm²
2	$\geqslant f_{ck}-1.0$
3	$\geqslant f_{ck}+1.0$
4	$\geqslant f_{ck}+2.0$
5	$\geqslant f_{ck}+2.5$
6	$\geqslant f_{ck}+3.0$

在初期，标准差是通过最近的前3个月且至少35个连续测试结果计算得出的，合格性评定是在紧邻3个月后的生产期内进行的。所得出的标准差应当是对当前所生产混凝土标准差（σ）的估计值。在后续的生产中，应当验证该标准差的有效性。这里给出了两种方法来检验标准差估计值的有效性，并且应当在事前确定选择哪种方法来检验。

方法1

如果距离当前评定最近的15个数据计算的标准差（s_{15}）没有显著地偏离所采用的已

知标准差，那么，该标准差可以用于后续生产期内的合格性验收评定。当符合下列要求时，我们认为验证通过：

—$0.63\sigma \leqslant s_{15} \leqslant 1.37\sigma$

—当 s_{15} 的值超出了这个限制范围时，将由最近的35个有效测试结果来重新确定一个新的 σ 估计值。

方法2

重新确定的 σ 值可以从连续生产系统估计并被采用。这个系统的敏感度至少与方法一样。

该重新确定的 σ 估计值将用于下一个评定期使用。

8.2.2 劈拉强度的合格性控制[1)]

8.2.2.1 总则

见8.2.1.1，但混凝土类别的概念在这里是不适用的。每种配比（及组成成分）的混凝土分别进行评定。

8.2.2.2 取样和试验计划

见8.2.1.2。

8.2.2.3 劈拉强度的合格性验收界限

当规定了混凝土的劈拉强度时，合格性评定应在不超过最近12个月的评定期内得到的试验结果来进行。

除了按照5.5.1.3有特定龄期要求，混凝土劈裂强度的合格性评定是在28d龄期对试验结果进行的。

—n个无重叠的或重叠的连续测试结果 f_{tm}（界限1）。

—每个单独的测试结果 f_{ti}（界限2）。

无论对于初期生产还是连续性生产，如果表16中给出的两个评定条文均满足，则混凝土代表性的劈拉强度合格性验收通过。

1）如果是抗折强度，可以使用同样的方法。

劈拉强度的合格性验收界限 **表16**

生产情况	测试结果的个数 n	界限1	界限2
		n 个结果的平均值，(f_{tm})N/mm²	独立测试结果 (f_{ti})N/mm²
初期	3	$\geqslant f_{tk}+0.5$	$\geqslant f_{tk}-0.5$
连续	不少于15	$\geqslant f_{tk}+1.48\sigma$	$\geqslant f_{tk}-0.5$

8.2.1.3 条款中给出的关于标准差规定同样适用。

8.2.3 除强度外其他性能的合格性控制

8.2.3.1 取样和试验计划

混凝土取样应随机抽取，并应遵照EN12350-1规定进行。取样应该在生产条件一致的条件下所生产的某一类型的混凝土中进行。混凝土的取样最小数值和试验方法依照表17和表18中所示给出。

8.2.3.2 除强度外其他性能的合格性界限

当对混凝土除强度外其他性能有要求时，合格性评定应由连续生产且不超过最近12个月的评定内进行。

混凝土的合格性是基于评定期内超出既定的界限值、等级限值或目标值裕量的试验结果数目，并将该总数与所允许的最大值进行比较（集合法）。

如果有以下情况，所要求性能的合格性验收通过：

—依照表17和18，超出既定的极限值，等级限值或目标值裕量的试验结果数量，不大于表19a或19b中规定的可接受值。或者是（$AQL=4\%$）情况，可根据ISO 3951：1089表Ⅱ-A（$AQL=4\%$）对混凝土性能指标进行测试来进行判别，其中可接受数目与表19a相关。

—表17或18中均给出了所有单独试验结果的最大允许偏差范围。

除强度以外其他性能的合格性评定条文　　表17

性能	试验或测定方法	取样或测定的最小数	可接受数	单独测试时，既定等级规定值或目标裕量的最大允许偏差	
				下限值	上限值
重混凝土密度	EN12390-7	依照表13抗压强度的	见表19a	$-30kg/m^3$	无限制[a]
轻混凝土密度	EN12390-7	依照表13抗压强度的	见表19a	$-30kg/m^3$	$+30kg/m^3$
水灰比	见5.4.2	每天一次检测	见表19a	无限制[a]	+0，02
水泥用量	见5.4.2	每天一次检测	见表19a	$-10kg/m^3$	无限制[a]
新拌引气混凝土的含气量	对于普通混凝土或重混凝土用EN 12350-7，对于轻混凝土用ASTM C 173	稳定时，每生产日一个取样	见表19a	−0，5%绝对值	+1，0%绝对值
混凝土的氯含量	见5.2.7	应对每一个混凝土合成物进行检测，如果有任何成分的氯含量增加，应重复检测	0	无限制[a]	无更高允许值

[a]有其他规定的情况除外

和易性的合格性评定条文　　表18

试验方法		取样或测定的最小数	接受数	单独测试时，既定等级规定值或目标裕量的最大允许偏差	
				下限值	上限值
目测检查	与和易性符合要求的一般混凝土外观进行对比	每批，对运输工具来说是每车	—	—	—
坍落度	En12350-2	1）对抗压强度，表13给出了取样频率； 2）当测量含气量时； 3）对目测检查存在怀疑时	见表19b	−10mm −20mm	+20mm +30mm
维勃稠度	En12350-3		见表19b	−2S −4S	+4S +6S
密实度	En12350-4		见表19b	−0.03 −0.05	+0.05 +0.07
流动度	En12350-5		见表19b	−20mm −30mm	+30mm +40mm

a 当对混凝土相关和易性的上下限没有限制要求时，可以不用这些偏差值。
b 仅适用于从搅拌车上开始卸料时的和易性测试

8.3 指定混凝土（含标准指定混凝土）的合格性控制

如有要求，应对每批指定混凝土的水泥用量、最大名义尺寸、骨料级配，以及水灰比、外加剂的添加量等进行合格性评定。生产记录或每批次打印记录的水泥、骨料（各粒径）、外加剂或添加剂用量应在表 21 给出的允许范围内，且水灰比与规定值的偏差应在±0.04 范围内。对于标准指定混凝土，相关标准给出了相应的偏差范围。

当通过对新拌混凝土分析进行合格性评定时，试验方法和合格验收界限应由供需双方提前达成一致，协商应考虑到上面提及的限定值和试验方法的准确度。

如需对混凝土的和易性进行合格性评定，见 8.2.3 和表 18 相关内容规定。

对于：

—水泥类型和强度等级；

—骨料类型；

—外加剂或添加剂的类型，如有；

—混凝土组成成分的来源渠道，当有要求时；

按照指定的要求，通过对混凝土组成成分的生产记录和运输记录资料进行对比，来进行合格性评定。

除强度外其他性能的合格性评定的可接受数 **表 19a 和 19b**

表 19a *AQL*=4%

测试结果的个数	可接受数
1-12	0
13-19	1
20-31	2
32-39	3
40-49	4
50-64	5
65-79	6
80-94	7
95-100	8

当测试结果数目超过 100 时，可接受数按照 ISO2859-1：1999 中的表 2-A 查询

表 19b *AQL*=15%

测试结果的个数	可接受值
1-2	0
3-4	1
5-7	2
8-12	3
13-19	5
20-31	7
32-49	10
50-79	14
80-100	21

8.4 产品不合格情况下采取的措施

当合格性检验评定不通过时，生产商应采取下列措施：

—检查试验检测结果正确与否，若数据错误，应予以改正；

—若通过复查，确认产品不合格，对相关生产控制程序进行包括管理审查等纠正措施。

—若依照标准已被确认不合格的，但在之前交货时没有发现，应告知设计者和使用者以避免由此造成的后果。

—做好记录。

由于现场加水或是外加剂所造成的混凝土不合格的情况（见7.5），只有在混凝土供应商允许这么做时才对结果负有责任。否则不承担责任。

注意：若生产商已告知混凝土不合格，或者合格性评定的结果不符合要求，根据EN 12504-1，应从结构或构件中取芯进行补充检测，或对芯样进行综合性检测和对于结构或构件进行无损检测，例如，依据EN12504-2或prEN12504-4：1999。prEN 13791：1999标准中给出了如何评定结构或构件（结构部位）的强度。

D.3 DIN1045-2 及译文

8 Conformity control and conformity criteria

Footnote：See note to subclause 3.1.46 regarding conformity.

8.2. Conformity control for designed concrete

8.2.1. Conformity control for compressive strength

8.2.1.1. General

The note is replaced by the following：

In conjunction with the present standard，Annex K shall have a normative character.

The seventh paragraph is replaced by the following：

If production of an individual concrete or a concrete family has been suspended for more than six months，the producer shall adopt the criteria，and the sampling and testing schedule used for initial production.

The tenth paragraph is replaced by the following：

Where identity of a defined volume of concrete with a population verified as conforming to the characteristic strength requirement is to be assessed，this shall be in accordance with Annex A.2 of DIN 1045-3.

8.2.1.2. Sampling and testing plan

The first paragraph is supplemented by the following：

As a departure from table 13 of DIN EN206-1，for lightweight concrete and concrete of compressive strength classes form C55/67 upwards，the minimum rate of sampling shall be one sample per 100m^3 or one sample per day of production for initial production and one per 200m^3 or one per week of production for continuous production.

The second paragraph is supplemented by the following:

Sampling of lightweight concrete shall take place at the location of its use.

8. 2. 1. 3. Conformity criteria for compressive strength

The text after the first dash in the second paragraph shall be supplemented by the following:

Any decision to carry out conformity assessment with overlapping results shall be made before production commences and be reported to the inspection agency together with details of the overlap intervals.

The third paragraph is supplemented by the following:

As a departure from table 14 of DIN EN206-1, the following rates of sampling shall apply for high-strength concrete:

For initial production:

Criterion 1: $f_{cm} \geqslant f_{ck} + 5$

Criterion 2: $f_{ci} \geqslant f_{ck} - 5$

For continuous production:

Criterion 1: $f_{cm} \geqslant f_{ck} + 1.48\sigma$

With σ not less than 5 N/mm^2

Criterion 2: $f_{ci} \geqslant 0.9 f_{ck}$

The 'Criterion 1' column, line 'Continuous production' of table 14, is supplemented by the following requirement:

$$\sigma \geqslant 3\text{N/mm}^2$$

The last line of column 1 of table 15 is replaced by the following:

$$6 \text{ to } 14 \geqslant f_{ck} + 3.0$$

A new line is added at the bottom of table 15:

$$\geqslant 15 f_{ci} \geqslant f_{ck} + 1.48\sigma$$

8. 3 Conformity control of prescribed concrete including standardized prescribed concrete

In the penultimate line of the first paragraph, the tolerance for the water/cement ratio is changed as follows:

The water/cement ratio shall be within ±0. 02 of the specified value.

A new note to the second paragraph is added:

NOTE: See DIN 1045-3 for testing of properties of prescribed concrete including standardized prescribed concrete.

8. 4. Action in the case of non-conformity of the product

The last sentence of the note is replaced by the following:

Pending the adoption of the relevant provisions as national building regulation, an insitu assessment of the strength of the structure or components may be carried out as specified in DIN 1048-4.

The note is supplemented by the following:

Unless otherwise agreed, the following procedure may be followed.

—A rebound hammer test may be performed on the structure as specified in DIN 1048-4 and the concrete classified into a compressive strength class on the strength of the test results.

—If the rebound hammer test does not give adequate results, core samples shall be taken, the number of which will depend on the size of the component involved. Testing of core samples shall as specified in the standards stated. If they are shown to have adequate compressive strength, the concrete can be assigned a compressive strength class.

DIN1045-2 译文

8 合格控制和合格标准

对标题做了脚注:

脚注:

关于合格性评定的注解见 3.1.46。

8.2 设定混凝土的合格性控制

8.2.1 抗压强度的合格性控制

8.2.1.1 总则

注解被下面文字替换:

和目前的标准一样，附加 K 应有一个规范符号。

第七段被下面文字取代

如果某单独混凝土或某类别混凝土的生产停产超过 6 个月，那么生产商应采用初期生产时的验收界限、取样和试验计划。

第十段被下面文字取代

如需对确认符合特征强度要求的特定体积混凝土进行评定，应按照 DIN 1045-3 中的附件 A.2 执行。

8.2.1.2 取样和试验计划

第一段补充下面内容:

对于不属于 DIN EN206-1 表 13 中的轻混凝土和抗压强度等级在 C55/67 及以上的混凝土，最小取样率对于初期生产应为每 100m^3 取一个样或每生产日取一个样，对于连续生产应为每 200m^3 一个取样或每生产周取一个样。

第二段补充下面内容

轻混凝土的取样应在施工地点进行。

8.2.1.3 抗压强度的合格性评定标准

第二段第一个破折号后应补充下面内容

对重叠试验结果进行合格性评定的任何决定都应在生产开始前就制定，并连同重叠区间（间隔）的详细情况汇报给检验机构。

第三段补充下面内容

对于不属于 DIN EN206-1 表 14 中的高强混凝土，将采用下面的取样频率：

对于初期生产：

条文 1：$f_{cm} \geqslant f_{ck}+5$

条文 2：$f_{ci} \geqslant f_{ck}-5$

对于连续生产：

条文 1：$f_{cm} \geqslant f_{ck}+1.48\sigma$

且 σ 取值不小于 $5N/mm^2$。

条文 2：$f_{ci} \geqslant 0.9 f_{ck}$。

表 14 中‘条文 1’那列‘连续产品’那行，补充下面要求：

$$\sigma \geqslant 3N/mm^2。$$

表 15 第一列的最后一行，换成下面内容

$$6 \text{ to } 14 \quad \geqslant f_{ck}+3.0。$$

表 15 的最下面添加一行

$$\geqslant 15 f_{ci} \geqslant f_{ck}+1.48\sigma。$$

8.3 指定混凝土（包含标准指定混凝土）的合格性控制

第一段倒数第二行，水灰比的允许偏差改变如下：

水灰比偏差应在给定值的±0.02 范围内。

第二段添加新注释：

注意：对于指定混凝土（包含标准指定混凝土）的试验，见 DIN 1045-3。

8.4 产品不合格情况下的采取的措施

注释中最后一句用下面替换：

在相关标准规定作为国家建筑法规的审批通过期间，对于结构或构件强度的现场评定，可按照 DIN 1048-4 执行。

注释补充下面内容：

除非另有约定，可遵循以下程序：

—按照 DIN 1048-4 中的说明，可对结构进行回弹仪测试，并且根据试验测试结果，将混凝土划归为某抗压强度等级。

—如果回弹仪测试没有给出一个合适的结果，那么就要采取取芯处理的办法，取芯的数量取决于所涉及部件的尺寸大小。芯样的测试应按照标准的表述执行。如果取芯试验结果满足抗压强度要求，那么该混凝土可被确定为该抗压强度等级。

附录 E 混凝土强度的统计调查及试验收

E.1 混凝土强度的统计分析

1. 2008 年全国混凝土强度统计结果

在这次混凝土强度检验评定标准的修订工作中，调研并收集到北京、上海、天津、重庆、广东深圳和广州、山西太原、湖北武汉、广西柳州、浙江宁波、辽宁沈阳、宁夏银川等十几个省市的强度数据三万六千多组，统计结果列于表 1。其强度数据多为混凝土搅拌站出厂检验结果，强度等级为 C15—C100 共 12 个等级，表 E.1 中各等级的强度均值（m_f）和标准差（σ）均为加权平均值。

2008 年全国混凝土强度统计与计算结果　　表 E.1

强度等级	n	m_f	σ	δ	$m_f/f_{cu.k}$	$m_1=f_{cu.k}+1.645\sigma$	$m_2=1.1(f_{cu.k}+1.645\sigma)$	$m_3=f_{cu.k}+2\sigma$
C15	1611	20.9	2.8	13.0	1.39	19.6	21.6	20.6
C20	3586	27.4	3.0	10.8	1.37	24.9	27.4	26.0
C25	5749	33.5	3.5	10.3	1.34	30.8	33.8	32.0
C30	12508	39.4	3.4	8.3	1.31	35.6	39.2	36.8
C35	4324	44.6	3.4	9.5	1.27	40.6	44.7	41.8
C40	4454	49.9	3.6	7.2	1.25	45.9	50.5	47.2
C45	945	55.4	3.7	6.6	1.23	51.1	56.2	52.4
C50	2065	58.4	4.2	6.8	1.17	56.9	62.6	58.4
C55	85	65.6	3.4	5.2	1.19	60.6	66.7	61.8
C60	295	72.2	3.98	—	1.20	65.8	72.3	67.0
C80	121	96.3	6.47	6.75	1.20	90.6	99.7	92.9
C100	205	117.8	4.17	3.57	1.18	106.9	117.5	108.3

注：n—组数，m_f—平均强度，σ—标准差，δ—变异系数，m_1、m_2、m_3 分别为不同要求的配制强度。

统计结果表明：

(1) 随强度等级的提高，高于 C25 级后，强度标准差（σ）变化不大，而变异系数（δ）变化较大；

(2) 强度平均值（m_f）与强度标准值（$f_{cu,k}$）的比值，随强度等级的提高而降低，但当等级为 C50—C100 时，该比值变化不大；

(3) m_1、m_2、m_3 表示三种可能的配制强度与实际统计各等级的平均强度（m_f）比较，可见 m_2 最接近实际的统计结果。

2. 不同年代混凝土强度统计结果比较

不同年代混凝土强度统计结果比较　　表 E.2

时间 \ 指标 \ 标号（等级）	150 号（C15）		200 号（C20）		300 号（C30）		400 号（C40）		类型	备注
	$\frac{\bar{R}}{R^{b}}$	σ	$\frac{\bar{R}}{R^{b}}$	σ	$\frac{\bar{R}}{R^{b}}$	σ	$\frac{\bar{R}}{R^{b}}$	σ		
1970—1971	—	—	1.28	5.03	1.11	5.38	1.02	5.44	预制厂	按混凝土标号统计
1979—1980	1.26	3.52	1.38	4.38	1.22	4.57	1.10	4.43		
2005—2008	1.39	2.8	1.37	3.00	1.31	3.4	1.25	3.6	搅拌站	按强度等级统计

1987 年前混凝土按抗压强度分级名称，在我国称为“混凝土标准”用字母“R^{b}”表示，R 为平均强度；GBJ 107—87 标准执行后，混凝土强度的分级全面与国际标准 ISO 3893 接轨，20 世纪 90 年代在标准、规范中给出由“标号”到“等级”的具体过渡办法，2000 年后的设计、施工规范不再出现过渡办法。表 E.2 括弧中的符号为 GBJ 107—87 的表示方法。

表 E.2 的统计结果表明，随着混凝土技术的发展，质量管理水平的不断提高，混凝土平均强度（m_{f}）与标准值（$f_{cu,k}$）的比值在提高，强度标准差（σ）在减小。

3. 交货检验与出厂检验的混凝土强度统计结果对比

C30 混凝土（出厂、标养）　　表 E.3

n	m_{f}	f_{max}	f_{min}	S_{f}	试验时间
45	39.5	48.1	35.6	3.00	2006.3.16～2006.7.6
39	39.0	48.9	36.1	3.20	
84	加权 39.3	48.5		3.28	

C30 混凝土（交货、标养）　　表 E.4

n	m_{f}	f_{max}	f_{min}	S_{f}	试验时间
148	38.3	48.2	32.2	3.51	
67	33.5	52.4	34.5	3.88	06.1～06.2
138	40.8	51.2	—	3.63	06.3～06.4
124	41.6	51.6	34.6	3.99	06.4～06.5
110	39.4	49.5	35.1	3.48	06.5～06.6
127	39.1	49.5	34.5	3.47	06.6～06.7
工地 714	加权 39.2	50.2	—	3.64	—

比较　　表 E.5

n	m_{f}	f_{max}	S_{f}
工地 714	加权 39.2	50.2	3.64
出厂 84	加权 39.3	48.5	3.28

结论：

加权平均值的统计结果表明，出场与工地交货检验的强度均值（m_f）与标准差（S_f）基本一样。

4. 工地统计资料

C25 混凝土 表 E.6

n	m_f	f_{max}	f_{min}	S_f	试验时间
50	31.9	41.5	26.4	3.67	05.12～06.1
17	32.5	38.5	27.2	3.52	06.1～06.2
6	33.1	40.2	29.6	3.79	06.2～06.3
107	33.4	46.1	28.9	3.44	06.3～06.4
273	34.2	43.4	28.4	3.16	06.4～06.5
348	34.3	42.5	28.8	3.11	06.5～06.6
181	34.6	41.2	29.2	3.15	06.6～06.7
982	加权 34.1	42.8	—	3.21	—

C35 混凝土 表 E.7

n	m_f	f_{max}	f_{min}	S_f	试验时间
32	43.0	50.5	37.8	3.11	05.12～06.1
78	43.3	50.0	40.4	3.22	06.1～06.2
99	47.5	60.1	40.1	3.95	06.3～06.4
294	46.5	57.9	40.3	3.57	06.4～06.5
294	46.2	57.8	39.7	3.70	06.5～06.6
225	47.2	57.8	40.7	4.00	06.6～06.7
1022	加权 46.3	57.2	—	3.70	—

结论：C25、C30 和 C35 级混凝土强度（工地）统计结果表明，其强度的加权平均值（m_f）和标准差（S_f）与全国统计结果基本相同。

5. 同一工程的标养强度与同条件养护强度统计结果对比

标养强度与同条件养护强度结果对比 表 E.8

同条件养护					工程名称	标准养护				
强度等级	n	f_{min}	m_f	S_f	—	强度等级	n	f_{min}	m_f	S_f
C20	19	20.8	25.6	2.22	工程 1	C20	17	17.8	23.4	2.98
	34	19.4	25.4	2.13	工程 2		32	9.10	23.6	3.76
C25	38	26.7	33.2	4.91	工程 3	C25	39	15.7	30.6	4.08
C30	35	36.0	38.2	2.06	工程 4	C30	18	32.0	37.5	3.60
C35	55	34.0	36.2	3.06	工程 5	C35	42	25.8	35.4	3.75

本表数据取自西北地区的施工现场，从有限的数据表明各等级混凝土强度的均值（m_f）与标准差（σ），与全国统计结果相近，现场比较重视同条件养护的强度，标养条件

不标准，甚至有的最小值低于标准要求值。

E.2　混凝土强度试验收结果

试验收的强度数据，主要是由各参编单位提供，每批强度组数由1组到数百组，分批多数为各单位提供，强度等级由C10～C100，共252验收批，9988组数据，其中C10～C60有239批，9328组。按新方案不合格有23批，不合格率为9.1%，原方案有16批，不合格率为6.4%，不合格批混凝土，多为验收批的平均强度控制偏低。其统计结果列于表E.9。

混凝土强度试验收结果　　**表E.9**

等级	批数	m_f 范围	f_{min} 范围	S_f 范围	GBJ 107—87		GB 50107—2010	
					不合批数		不合批数	
					统计法	非统计	统计法	非统计
C10	13	14.4—19.1	12.1—15.3	1.21—2.82	0	0	0	0
C15	22	18.8—23.8	14.1—20.6	0.80—5.95	0	0	0	0
C20	22	24.8—35.3	21.0—33.8	1.02—4.53	0	0	0	0
C25	26	29.0—39.0	23.6—32.4	1.00—5.3	0	0	0	0
C30	57	30.2—44.9	25.4—37.8	1.09—5.39	9	1	16	1
C35	23	39.1—50.3	36.8—45.9	0.9—4.58	0	1	0	1
C40	23	44.7—55.9	(29.3) 40.2—52.0	1.25—5.98	1	2	1	2
C45	7	53.2—62.0	46.9—59.2	2.65—4.59	0	0	0	0
C50	29	54.9—67.1	43.3—63.1	1.12—6.05	0	1	0	1
C55	4	61.1—73.1	52.1—65.5	3.62—5.28	0	0	0	0
C60	13	62.7—74.5	62.0—69.2	1.11—5.64	0	1	0	1
C65	1	78.8	72.4	5.61	0	0	0	0
C70	1	83.5	74.6	5.09	0	0	0	0
C80	8	94.1—106.2	68.4—94.6	1.8—13.21	0	0	0	0
C100	3	114.5—119.1	105.2—108.8	4.00—4.53	0	0	0	0
总计	252批				10批	6批	17批	6批

试验收结果表明：

(1) 统计方法的新方案稍严于原标准；

(2) 高于C60的高强混凝土，由于各方重视质量控制严格，按新、老方案评定全都合格。

E.3 部分国家的混凝土强度检验评定条件

国外混凝土强度检验评定条件　　表 E.10

<table>
<tr><th rowspan="2">序号</th><th rowspan="2" colspan="2">国家规范</th><th rowspan="2">样本容量 n</th><th colspan="4">检验界限</th><th rowspan="2" colspan="2">备注</th></tr>
<tr><th colspan="2">a</th><th colspan="2">b</th></tr>
<tr><td rowspan="4">1</td><td rowspan="2">欧盟标准
BS EN206-1：2001</td><td>新配混凝土</td><td>3</td><td colspan="2">$\geqslant f_{ck}+4$</td><td colspan="2">$\geqslant f_{ck}-4$</td><td rowspan="2" colspan="2">英国 BS5328、德国 DIN1045 被取代</td></tr>
<tr><td>连续混凝土</td><td>15</td><td colspan="2">$\geqslant f_{ck}+1.48\sigma$</td><td colspan="2">$\geqslant f_{ck}-4$</td></tr>
<tr><td rowspan="2">德国的补充规定
（DIN1045-2：2001）</td><td>新配混凝土</td><td>3</td><td colspan="2">$\geqslant f_{ck}+5$</td><td colspan="2">$\geqslant f_{ck}-5$</td><td rowspan="2" colspan="2">对高强混凝土的评定 $\sigma \geqslant 5$MPa（3MPa）</td></tr>
<tr><td>连续混凝土</td><td>15</td><td colspan="2">$\geqslant f_{ck}+1.48\sigma$</td><td colspan="2">$\geqslant 0.9f_{ck}$</td></tr>
<tr><td rowspan="2">2</td><td rowspan="2" colspan="2">美国 ACI318—2005</td><td>3</td><td colspan="2">f_c'</td><td colspan="2">$f_c'-3.5$</td><td colspan="2">当 $f_c \leqslant 35$MPa 时</td></tr>
<tr><td>3</td><td colspan="2">f_c'</td><td colspan="2">$\geqslant f_c'-0.1f_c'$
$=0.9f_c'$</td><td colspan="2">当 $f_c > 35$MPa 时</td></tr>
<tr><td>3</td><td colspan="2">日本 A5308—1998</td><td>3</td><td colspan="2">$\geqslant F_C$</td><td colspan="2">$\geqslant 0.85F_C$</td><td colspan="2">预拌混凝土标准</td></tr>
<tr><td rowspan="6">4</td><td rowspan="6" colspan="2">法国
XPP18-305
1996 年</td><td>$\leqslant 12$</td><td colspan="2">$f_c \geqslant f_{ck}+k_1$</td><td colspan="2">$f_{ci} \geqslant f_{ck}-k_2$</td><td rowspan="2" colspan="2">注</td></tr>
<tr><td>$\geqslant 15$</td><td colspan="2">$f_c \geqslant f_{ck}+\lambda s$</td><td colspan="2">$f_{ci} \geqslant f_{ck}-4$MPa</td></tr>
<tr><td rowspan="4">注</td><td>n</td><td colspan="2">3</td><td>6</td><td>9</td><td>12</td></tr>
<tr><td>k_1</td><td colspan="2">2.0MPa</td><td>3.0MPa</td><td>3.3MPa</td><td>3.5MPa</td></tr>
<tr><td>k_2</td><td colspan="5">3.5MPa</td></tr>
<tr><td colspan="6">$f_{ck} \leqslant 30$MPa　$\lambda=0.85$；$f_{ck} > 30$MPa　$\lambda=1.2$</td></tr>
</table>

附录F “混凝土配合比辅助设计工具”软件说明书

一 软件特点

二 软件的安装、启动与卸载

三 软件加密锁的使用

四 界面介绍

五 快速入门

六 应用举例

F.1 软件特点

本软件依据《普通混凝土配合比设计规程》JGJ 55—2000（以下简称JGJ 55—2000）完成混凝土配合比设计中的试配计算功能，具备以下特点：

1. 较好地实现了JGJ 55—2000中规定的试配计算要求，其中包括针对特种混凝土（如有抗渗、抗冻、高强等要求的混凝土）的试配条款。

2. 对添加粉煤灰、减水剂、引气剂或矿物掺合料的混凝土进行试配设计，其中矿物掺合料的种类可达到5种，每一种矿物掺合料可设置不同的参数。

3. 如果设定施工条件下的砂、石的含水率，还可以进行实际用水量的折算。

4. 几乎所有试配参数都可自定义设置，并且试配的每一步骤都有明确的显示。

F.2 软件安装

“混凝土配合比辅助设计工具”软件的安装过程与“混凝土强度检验评定助手”软件的安装类似，可参考“混凝土强度检验评定助手”软件的安装过程。

F.3 软件加密锁的使用

“混凝土配合比辅助设计工具”软件的加密锁随安装光盘一同发售。加密锁无需另外安装驱动，可直接插入计算机的USB插口内使用。加密锁可解除软件对混凝土试配功能的锁定。

软件安装完成后，可在打开软件之前或之后插入加密锁，插入加密锁后，软件将自动进行识别，即时解除对软件的功能限制；在软件的使用过程中，需保持加密锁处于插入状态。

F.4 界面介绍

1. 主界面

“混凝土配合比辅助设计工具”软件的主界面包含以下功能元素：

1）输出文本框：用于输出混凝土的试配报告，试配报告中包含已知的试配条件、试配过程及试配结果等。

2）“导入”按钮：导入一个以前保存的试配设定文件，试配设定文件通过“导出”按钮进行保存；注意，导入试配设定后，将覆盖掉当前的设定。

3）“导出”按钮：将当前的试配设定保存至文件。

4）“试配设定”按钮：打开“试配设定”对话框，对当前的试配参数进行修改。

5） “试配”按钮：依照当前的试配设定进行试配，试配结果保存至“输出文本框”中。

6）“清空输出框”按钮：清空“输出文本框”内的所有文本。

7）“关于”按钮：显示“关于”对话框。

8）“关闭”按钮：关闭软件。

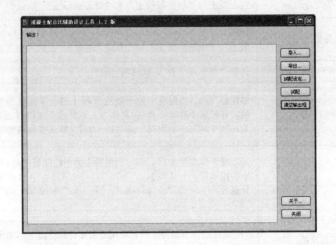

2. “试配设定”对话框

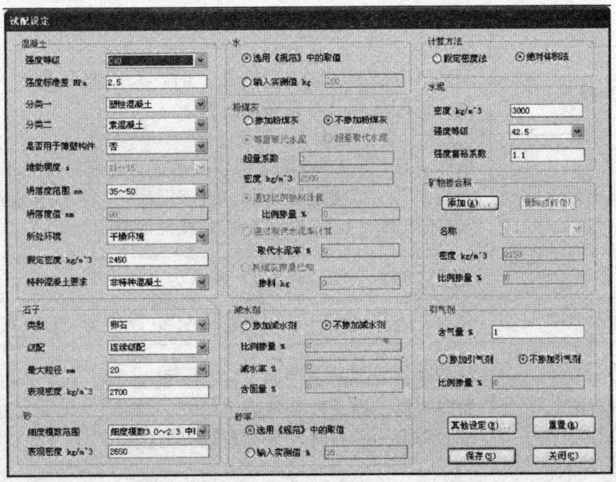

1）试配参数

以下列出了“试配设定”对话框中涉及的试配参数（按照从上到下，从左到右的出现次序）及其说明：

框区	包含参数	注释
混凝土	强度等级	可供选择的强度等级包括 C7.5、C10、C15、C20、C25、C30、C35、C40、C45、C50、C55、C60、C65、C70、C75、C80、C85、C90、C95、C100。默认为 C40
	强度标准差	单位兆帕（MPa），用于计算混凝土的配置强度，取值在 0 到 10 之间，默认值为 3
	分类一	依照 JGJ 55—2000 条文 4.0.1 中的表述对混凝土进行分类，分别为：“干硬性混凝土”、“塑性混凝土”和“流态混凝土”。默认为“塑性混凝土”
	分类二	依照 JGJ 55—2000 条文 4.0.4 中的表述对混凝土进行分类，分别为：“素混凝土”、“钢筋混凝土”和“预应力混凝土”。默认为“素混凝土”
	是否用于薄壁构件	选择“是”或“否”，默认为“否”
	维勃稠度	单位秒（s）。当混凝土为干硬性混凝土时，采用此指标确定混凝土的用水量，并依照 JGJ 55—2000 表 4.0.1-1 中的表述将维勃稠度分为 3 级，分别为：“5～10”、“11～15”和“16～20”。默认维勃稠度等级为“11～15”
	坍落度范围	坍落度单位为毫米（mm），当混凝土为塑性混凝土时，采用此指标确定混凝土的用水量，并依照 JGJ 55—2000 表 4.0.1-2 中的表述将坍落度分为 4 级，分别为：“10～30”、“35～50”、“55～70”和“75～90”，默认坍落度等级为“35～50”
	坍落度值	当混凝土为流态混凝土时，采用此指标计算混凝土的用水量，取值在 90mm～180mm 之间，默认为 90mm
	所处环境	依照 JGJ 55—2000 表 4.0.4 对混凝土所处环境进行分类，分别为：“干燥环境”、“潮湿无公害”、“潮湿有公害”和“潮湿有公害防冻剂”。默认为“干燥环境”
	假定密度	当计算方法为“假定密度法”时，采用此参数作为混凝土的假定密度；否则，试配计算时将忽略此参数
	特种混凝土要求	依照 JGJ 55—2000 第 7 节中的表述，将有特殊要求的混凝土分为：“非特种混凝土”、“抗渗混凝土”、“抗冻混凝土”、“高强混凝土”、“泵送混凝土”和“大体积混凝土”。默认为“非特种混凝土”
石子	类型	分为“卵石”和“碎石”，默认为“卵石”
	级配	分为“连续级配”和“单粒级配”，默认为“连续级配”
	最大粒径	单位毫米（mm）。依照 JGJ 55—2000 表 4.0.1-1 和 4.0.1.2，当石子的类型为卵石时，最大粒径可为：“10”、“20”、“31.5”和“40”；默认为 20。当石子的类型为碎石时，最大粒径可为：“16”、“20”、“31.5”和“40”
	表观密度	单位 kg/m^3，当计算方法为“绝对体积法”时，试配过程中将应用此参数求算砂、石用量，否则将被忽略

续表

框区	包含参数	注释
砂	细度模数范围	分为三个级别，分别为："细度模数 2.2～1.6 细砂"、"细度模数 3.0～2.3 中砂"和"细度模数 3.7～3.1 粗砂"
	表观密度	单位 kg/m^3，当计算方法为"绝对体积法"时，试配过程中将应用此参数球求算砂、石用量，否则将被忽略
水	选取《规范》中取值/输入实测值	若选择"选取《规范》中取值"，试配过程中将依照 JGJ 55—2000 条文 4.0.1 中的表述选择用水量；选择"输入实测值"，试配过程中将直接予以采用。当超出 JGJ 55—2000 条文 4.0.1 中规定的用水量选取条件时，软件将提示必须选择"输入实测值"选项，并输入用水量实际值后，才可完成试配
	用水量编辑框	当选择"输入实测值"用水量选项时，在水量编辑框中输入实际的用水量
粉煤灰	掺加粉煤灰/不掺加粉煤灰	选择是否掺加粉煤灰，默认为"不掺加粉煤灰"
	等量取代水泥/超量取代水泥	选择取代水泥用量的方式，默认为"等量取代水泥"
	超量系数	当"超量取代水泥"选项被选中时有效。取值范围为 1.0 到 2.0 之间
	粉煤灰的密度	单位 kg/m^3，取值在 $1800kg/m^3$ 到 $2500kg/m^3$ 之间，默认为 2300 kg/m^3
	通过比例掺量计算/通过取代水泥率计算/粉煤灰掺量已知	选择粉煤灰用量的计算方法，当选择"通过比例掺量计算"时，给出粉煤灰用量占胶凝材料总量的比例；当选择"通过取代水泥率计算"时，给出粉煤灰取代水泥率值；当选择"粉煤灰掺量已知"时，给出粉煤灰用量值。对于"等量取代水泥"的情况，"通过比例掺量计算"选项和"通过取代水泥率计算"选项是等价的
	比例掺量	单位%，粉煤灰按等掺或超掺取代水泥后，粉煤灰占整个胶凝材料的比例
	取代水泥率	单位%，粉煤灰换算到等效水泥用量后，占水泥用量的比例
	掺料	单位千克（kg），粉煤灰的掺量值，取值范围为 0～100，默认为 0
减水剂	比例掺量	单位%，输入减水剂相对胶凝材料的比例掺量，其取值范围为 0～5，默认值为 0
	减水率	单位%，输入减水剂的减水率，其取值范围为 0～3，默认值为 0
	含固量	输入减水剂的含固量，取值范围为 0～100%，默认值为 0。注意，正确输入含固量，将有助于减水剂中其所含水量从用水量中扣除
砂率	选取《规范》中的取值/输入砂率取值	若选择"选取《规范》中的取值"，试配中，将依照 JGJ 55—2000 条文 4.0.2 中的表述进行选择。对超出条文 4.0.2 中表述的选择范围时，需选择"输入砂率取值"并输入砂率实测值
	砂率取值编辑框	用于输入砂率取值，砂率单位%，取值范围 26～45，默认值为 35
计算方法	假定密度法/绝对体积法	选择配比计算方法
水泥	水泥的密度	单位 kg/m^3，取值范围为 2900～3100，默认值为 3000
	水泥的强度等级	水泥的强度等级分为："32.5"、"42.5"、"52.5"、"62.5"。默认为"42.5"
	强度富裕系数	用于计算水泥 28d 抗压强度值，取值在 1.0～1.25 间

续表

框区	包含参数	注释
矿物掺合料	添加按钮	用于添加一个新矿物掺合料。添加新矿物掺合料的方法为：单击“添加”按钮，弹出“添加矿物掺合料”对话框，输入新矿物掺合料的名称，单击确定 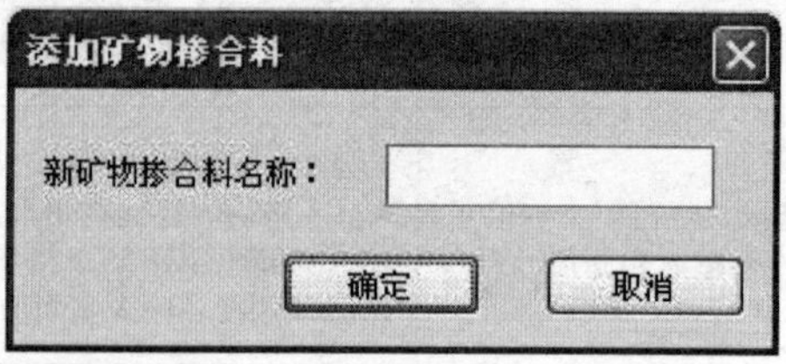
	删除当前按钮	删除当前矿物掺合料
	名称	用于显示矿物掺合料列表
	密度	单位 kg/m^3，用于输入当前矿物掺料的密度值
	比例掺量	单位%，用于输入当前矿物掺合料占胶凝材料的比例
引气剂	含气量	混凝土的含气量，单位为%，默认值为 1，当添加引起剂时，需修改此值
	掺加引气剂/不掺加引气剂	选择是否掺加引气剂
	比例掺量	当选择“掺加引气剂”时，输入引气剂占胶凝材料的比例，单位为%，取值范围为 0～0.3

2）其他设定按钮

打开“其他设定”对话框，对试配中的其他参数进行设定。“其他设定”对话框如下图所示，包含以下元素

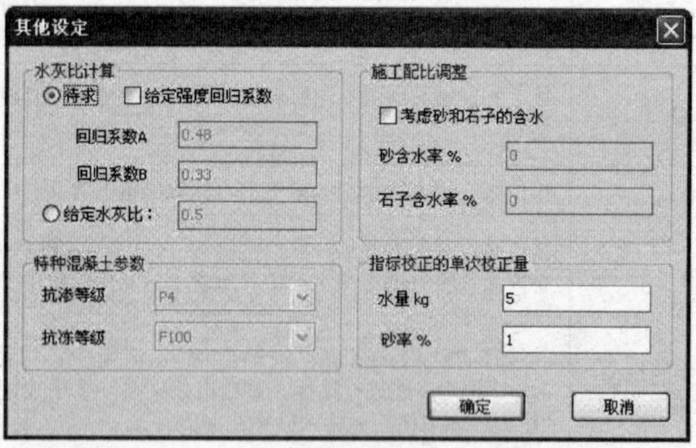

框区	包含元素	注解
水灰比计算	待求/给定水灰比	当选择“待求”选项时，试配过程中将依照 JGJ 55—2000 条文 5.0.3 中的表述进行计算；当选择给定水灰比时，采用输入的水灰比值
	给定强度回归系数选框	当处于选择状态时，试配计算中采用给定的回归系数值，否则，将选用 JGJ 55—2000 表 5.0.4 中给定的归回系数
	回归系数 A	即为 JGJ 55—2000 公式 5.0.3-1 中的 α_a

续表

框区	包含元素	注解
水灰比计算	回归系数 B	即为 JGJ 55—2000 公式 5.0.3-1 中的 α_b
	水灰比输入框	用于输入给定的水灰比值，取值范围为 0.3～0.85
特种混凝土参数	抗渗等级	当“特种混凝土要求”中选择“抗渗混凝土”时有效，混凝土的抗渗等级分为：“P4”、“P6”、“P8”、“P10”、“P12”和“P12 以上”。默认为“P4”
	抗冻等级	当“特种混凝土要求”中选择“抗冻混凝土”时有效，混凝土的抗冻等级分为：“F50”、“F100”、“F150”和“F150 以上”。默认为“F50”
施工配比调整	考虑砂和石子的含水选框	选择是否考虑砂和石子中的含水，如果选中，则计算砂和石子中的含水并从用水量中扣除这些水量
	砂含水率	单位%，砂中水量与砂的质量比，取值范围为 0～10
	石子含水率	单位%，石子中水量与石子的质量比，取值范围为 0～1
指标校正的单次校正量	水量	当试配过程中存在对用水量的校正时，单次校正的有水量值，单位 kg
	砂率	当试配过程中存在对砂率的校正时，单次校正的砂率值，单位%

3）“保存”按钮

确认对试配设定的修改。

4）“重置”按钮

将试配设定重置为软件默认的参数。

5）“关闭”按钮

关闭“试配设定”对话框，如果对试配设定进行了修改，而未点击“保存”按钮进行保存，软件将提示是否保存对试配设定的修改。

F.5 快速入门

1. 一键完成“第一个混凝土试配计算”

1）将加密锁插入计算机的 USB 插口内；

2）运行“混凝土配合比辅助设计工具”软件；

3）单击“试配”按钮完成“第一个混凝土试配计算”。试配过程中，软件将按照默认的试配参数进行试配，在试配报告中可以查看软件默认的试配参数。

2. 修改试配设定并进行试配

1）在计算机 USB 插口内插入加密锁，运行“混凝土配合比辅助设计工具”软件；

2）单击“试配设定”按钮打开“试配设定”对话框，对各项试配参数进行修改，各参数的含义可查看前节的介绍；

3）试配参数修改完成后，单击“试配设定”对话框右下角的“保存”按钮保存对试配参数的修改；单击“关闭”按钮关闭“试配设定”对话框；

4）单击“试配”按钮完成试配。

3. 导出/导入试配设定

1）单击“导出”按钮将当前的试配参数设定到处到文件加以保存；

2）单击“导入”按钮导入以前保存的试配设定。

F.6 应用举例

1. 掺加粉煤灰混凝土的试配

采用软件默认的试配参数，并在混凝土中添加粉煤灰，等量掺加，比例掺量为 15%，密度为 2100kg/m^3，其试配步骤为：

1）单击“试配设定”按钮，打开“试配设定”对话框；

2）在“粉煤灰”框区上方，单击“掺加粉煤灰”选择单选钮；此时，“粉煤灰”框区中的其他相关选项显示为有效；

3）在“粉煤灰”框区偏上方，选中“等量掺加”单选钮，表明试配中，水泥和粉煤灰按照等量取代的原则进行计算；

4）在“粉煤灰”框区，“密度”编辑框中输入密度值为 2100（单位为 kg/m^3）；

5）在“粉煤灰”框区，选中“通过比例掺量计算”单选钮，此时，“比例掺量”编辑框变为有效，在“比例掺量”编辑框中输入 15（注意其单位为%）；

6）单击“试配设定”对话框右下方的“保存”按钮保存当前设置，并单击“关闭”按钮关闭对话框；

7）单击“试配”按钮进行试配。

以下为试配输出：

一、已知条件

混凝土：

强度等级	C40
强度标准差	3MPa
分类一	塑性混凝土
分类二	素混凝土
是否为薄壁构件	否
坍落度范围	35～50mm
环境类型	干燥
特种混凝土要求	非特种混凝土

石子：

类型	卵石
级配	连续级配
最大粒径	20mm
表观密度	2700kg/m^3

砂：

细度模数范围	细度模数 3.0～2.3 中砂
表观密度	2650kg/m^3

计算方法：　　　　　绝对体积法

水泥：

密度　　　　　　3000kg/m^3

强度标号　　　　42.5

强度富裕系数　　1.1

粉煤灰：

取代水泥方式　　等量取代

表观密度　　　　2100kg/m^3

计算方法　　　　通过比例掺量计算

含气量：　　　　　1%

单次校正量：

水量单次校正量　　5kg

砂率单次校正量　　1%

二、试配步骤

1）由水泥标号与水泥强度富余系数得到的水泥 28d 实测（或估算）强度为：46.75MPa

2）查表选取强度回归系数 A、B 分别为：(0.46 0.07)

3）计算得到的混凝土配制强度：44.94MPa

4）计算得到的基准水灰比为：0.46

5）查表得到的基准用水量为：180kg

6）计算得到的基准水泥用量为：388.71kg

7）由粉煤灰占胶凝材料总量的比例 15%，等量取代，得到粉煤灰用量为 58.31kg，并且将水泥用量从 388.71kg 调整至 330.41kg

8）查表得到砂率范围为：(29%，34%)

9）选用砂率范围（29%，34%）的中间值为基准砂率值：31.5%

10）利用体积法计算得到的砂用量为：568.24kg，石子用量为：1235.70kg

11）计算得到的混凝土密度计算值为：2372.66kg/m^3

三、试配结果

通过混凝土配合比试配计算，得到如下试配数据：

单位体积混凝土各材料用量：

水　　　　180kg

水泥　　　330kg

石子　　　1236kg

砂　　　　568kg

粉煤灰　　58kg

水胶比：　0.463

砂率：　　31.5%

2. 掺加减水剂混凝土的试配

采用软件默认的参数，并在混凝土试配时掺加减水剂，减水剂为液剂，含固量 38%，推荐掺量为 1.8%C，减水率 18%左右，其试配步骤如下：

1）单击“试配设定”按钮，打开“试配设定”对话框；

2）单击“试配设定”对话框右下角的“重置”按钮将试配参数重设为默认值；

3）在“减水剂”框区，选中“掺加减水剂”单选钮，此时，“减水剂”框区内的其他参数显示为有效；

4）在“减水剂”框区，“比例掺量”编辑框内输入数值 1.8（单位为%）；

5）在“减水剂”框区，“减水率”编辑框内输入数值 18（单位为%）；

6）在“减水剂”框区，“含固量”编辑框内输入数值 38（单位为%）；

7）单击“试配设定”对话框右下方的“保存”按钮保存当前设置，并单击“关闭”按钮关闭对话框；

8）单击“试配”按钮进行试配。

以下为试配输出：

一、已知条件

混凝土：

强度等级	C40
强度标准差	3MPa
分类一	塑性混凝土
分类二	素混凝土
是否为薄壁构件	否
坍落度范围	35～50mm
环境类型	干燥
特种混凝土要求	非特种混凝土

石子：

类型	卵石
级配	连续级配
最大粒径	20mm
表观密度	$2700kg/m^3$

砂：

细度模数范围	细度模数 3.0～2.3 中砂
表观密度	$2650kg/m^3$

计算方法：	绝对体积法

水泥：

密度	$3000kg/m^3$
强度标号	42.5
强度富裕系数	1.1

减水剂：

　　比例掺量　　1.8%

　　减水率　　18%

　　含固量　　38%

含气量：　　1%

单次校正量：

　　水量单次校正量　　5kg

　　砂率单次校正量　　1%

二、试配步骤

1）由水泥标号与水泥强度富余系数得到的水泥28d实测（或估算）强度为：46.75MPa

2）查表选取强度回归系数A、B分别为：（0.46 0.07）

3）计算得到的混凝土配制强度：44.94MPa

4）计算得到的基准水灰比为：0.46

5）查表得到的基准用水量为：180kg

6）减水剂的减水率为18%，因此含水量从180.00kg调整至147.60kg

7）计算得到的基准水泥用量为：318.74kg

8）由水泥用量318.74kg计算得减水剂用量为5.7374kg

9）查表得到砂率范围为：（29%，34%）

10）选用砂率范围（29%，34%）的中间值为基准砂率值：31.5%

11）利用体积法计算得到的砂用量为：622.40kg，石子用量为：1353.47kg

12）对用水量进行复核，扣除液体减水剂中的水量3.56kg，用水量从147.60kg调整至144.04kg

13）计算得到的混凝土密度计算值为：2444.39kg/m^3

三、试配结果

通过混凝土配合比试配计算，得到如下试配数据：

单位体积混凝土各材料用量：

水	144kg
水泥	319kg
石子	1353kg
砂	622kg
减水剂	5.74kg
水灰比：	0.463
砂率：	31.5%

3. 掺加矿物掺和料混凝土的试配

在软件默认的参数基础上，在试配计算时掺加天然沸石粉，比例掺量为15%，密度为

2100kg/m³，其试配方法如下：

1）单击“试配设定”按钮，打开“试配设定”对话框；

2）单击“试配设定”对话框右下角的“重置”按钮将试配参数重设为默认值；

3）在“矿物掺合料”框区，单击“添加”按钮，弹出“添加矿物掺合料”对话框，在对话框中输入矿物掺合料名称为“天然沸石粉”，单击“确定”按钮完成添加；

4）在“矿物掺合料”框区，确保“名称”下拉列表中当前项为“天然沸石粉”；

5）在“矿物掺合料”框区，“密度”编辑框中填写密度为 2100（单位为 kg/m³）；

6）在“矿物掺合料”框区，“比例产量”编辑框中输入 15（单位为%）；

7）单击“试配设定”对话框右下方的“保存”按钮保存当前设置，并单击“关闭”按钮关闭对话框；

8）单击“试配”按钮进行试配。

以下为试配输出：

一、已知条件

混凝土：

强度等级	C40
强度标准差	3MPa
分类一	塑性混凝土
分类二	素混凝土
是否为薄壁构件	否
坍落度范围	35～50mm
环境类型	干燥
特种混凝土要求	非特种混凝土

石子：

类型	卵石
级配	连续级配
最大粒径	20mm
表观密度	2700kg/m³

砂：

细度模数范围	细度模数 3.0～2.3 中砂
表观密度	2650kg/m³

计算方法：　绝对体积法

水泥：

密度	3000kg/m³
强度标号	42.5
强度富裕系数	1.1

矿物掺合料“天然沸石粉”：

表观密度	2100kg/m³

比例掺量 15%

含气量： 0%

单次校正量：

水量单次校正量 5kg

砂率单次校正量 1%

二、试配步骤

1）由水泥标号与水泥强度富余系数得到的水泥 28d 实测（或估算）强度为：46.75MPa

2）查表选取强度回归系数 A、B 分别为：(0.46 0.07)

3）计算得到的混凝土配制强度：44.94MPa

4）计算得到的基准水灰比为：0.46

5）查表得到的基准用水量为：180kg

6）计算得到的基准水泥用量为：388.71kg

7）由矿物掺合料“天然沸石粉”的比例掺量 15.0%，得到其掺量为 58.307kg，并且将水泥用量从 388.7kg 调整至 330.4kg

8）查表得到砂率范围为：(29%，34%)

9）选用砂率范围（29%，34%）的中间值为基准砂率值：31.5%

10）利用体积法计算得到的砂用量为：576.70kg，石子用量为：1254.09kg

11）计算得到的混凝土密度计算值为：2399.50kg/m^3

三、试配结果

通过混凝土配合比试配计算，得到如下试配数据：

单位体积混凝土各材料用量：

水 180kg

水泥 330kg

石子 1254kg

砂 577kg

天然沸石粉 58.31kg

水胶比： 0.463

砂率： 31.5%

4. 掺加引气剂混凝土的试配

在软件默认试配参数基础上，在试配计算时掺加引气剂，引气剂的掺量为 0.01%，混凝土的含气量设为 4.5%，其试配步骤为：

1）单击“试配设定”按钮，打开“试配设定”对话框；

2）单击“试配设定”对话框右下角的“重置”按钮将试配参数重设为默认值；

3）在“引气剂”框区，“含气量”编辑框中，将默认的含气量 1（单位%）修改为 4.5（单位为%）；

4）在“引气剂”框区，选定“掺加引气剂”单选钮，此时，框区内的“比例掺量”编辑框显示为有效；

5）在“引气剂”框区，“比例掺量”编辑框内输入数值 0.01（单位为%）；

6）单击“试配设定”对话框右下方的“保存”按钮保存当前设置，并单击“关闭”按钮关闭对话框；

7）单击“试配”按钮进行试配。

以下为试配输出：

一、已知条件

混凝土：

强度等级	C40
强度标准差	3MPa
分类一	塑性混凝土
分类二	素混凝土
是否为薄壁构件	否
坍落度范围	35～50mm
环境类型	干燥
特种混凝土要求	非特种混凝土

石子：

类型	卵石
级配	连续级配
最大粒径	20mm
表观密度	2700kg/m^3

砂：

细度模数范围	细度模数 3.0～2.3 中砂
表观密度	2650kg/m^3

计算方法：　绝对体积法

水泥：

密度	3000kg/m^3
强度标号	42.5
强度富裕系数	1.1

含气量：　4.5%

引气剂比例掺量：　0.01%

单次校正量：

水量单次校正量	5kg
砂率单次校正量	1%

二、试配步骤

1）由水泥标号与水泥强度富余系数得到的水泥 28d 实测（或估算）强度为：46.75MPa

2）查表选取强度回归系数 A、B 分别为：(0.46 0.07)

3）计算得到的混凝土配制强度：44.94MPa

4）计算得到的基准水灰比为：0.46
5）查表得到的基准用水量为：180kg
6）计算得到的基准水泥用量为：388.71kg
7）由水泥用量 388.71kg 计算得引气剂用量为 0.0389kg
8）查表得到砂率范围为：（29%，34%）
9）选用砂率范围（29%，34%）的中间值为基准砂率值：31.5%
10）利用体积法计算得到的砂用量为：545.69kg，石子用量为：1186.67kg
11）计算得到的混凝土密度计算值为：2301.11kg/m^3
三、试配结果
通过混凝土配合比试配计算，得到如下试配数据：
单位体积混凝土各材料用量：

水	180kg
水泥	389kg
石子	1187kg
砂	546kg
引气剂	0.0389kg
水灰比：	0.463
砂率：	31.5%

5. 施工配比调整

在工地施工时，砂石材料并不是完全干燥，因此需对配合比中材料的用量进行修正，以默认试配参数为基础，砂含水率 5%，石子含水率 0.1%，其试配方法为：

1）单击“试配设定”按钮，打开“试配设定”对话框；

2）单击“试配设定”对话框右下角的“重置”按钮将试配参数重设为默认值；

3）单击“试配设定”对话框右下角的“其他设定”按钮，打开“其他设定”对话框；

4）在“其他设定”对话框，“施工配比调整”框区中，选中“考虑砂和石子的含水”复选钮，此时，框区内的“砂含水率”和“石子含水率”编辑框显示为有效；

5）在“其他设定”对话框，“施工配比调整”框区，“砂含水率”编辑框中输入数值 5（单位为%）；

6）在“其他设定”对话框，“施工配比调整”框区，“石子含水率”编辑框中输入数值 0.1（单位为%）；

7）单击“其他设定”对话框的“确定”按钮确认修改并返回至“试配设定”对话框，单击单击“试配设定”对话框右下方的“保存”按钮保存当前设置，单击“关闭”按钮关闭对话框；

8）单击“试配”按钮进行试配。

以下为试配输出：

一、已知条件

混凝土：

强度等级	C40
强度标准差	3MPa
分类一	塑性混凝土
分类二	素混凝土
是否为薄壁构件	否
坍落度范围	35～50mm
环境类型	干燥
特种混凝土要求	非特种混凝土

石子：

类型	卵石
级配	连续级配
最大粒径	20mm
表观密度	2700kg/m^3

砂：

细度模数范围	细度模数 3.0～2.3 中砂
表观密度	2650kg/m^3

计算方法：绝对体积法

水泥：

密度	3000kg/m^3
强度标号	42.5
强度富裕系数	1.1

含气量：1%

单次校正量：

水量单次校正量	5kg
砂率单次校正量	1%

工地调整参数：

砂的含水率	5%
石子的含水率	0.1%

二、试配步骤

1）由水泥标号与水泥强度富余系数得到的水泥 28d 实测（或估算）强度为：46.75MPa

2）查表选取强度回归系数 A、B 分别为：(0.46 0.07)

3）计算得到的混凝土配制强度：44.94MPa

4）计算得到的基准水灰比为：0.46

5）查表得到的基准用水量为：180kg

6）计算得到的基准水泥用量为：388.71kg

7）查表得到砂率范围为：（29%，34%）

8）选用砂率范围（29%，34%）的中间值为基准砂率值：31.5%

9）利用体积法计算得到的砂用量为：575.29kg，石子用量为：1251.02kg

10）计算得到的混凝土密度计算值为：2395.02kg/m³

11）在工地施工时，砂的含水率5.0%，从用水量中扣除砂中的吸附水28.8kg，得到工地需水量为151.2kg，工地需（湿）砂量为604.1kg

12）在工地施工时，石子的含水率0.1%，从用水量中扣除石子中的吸附水1.3kg，得到工地需水量为150.0kg，工地需（湿）石子量为1252.3kg

三、试配结果

通过混凝土配合比试配计算，得到如下试配数据：

单位体积混凝土各材料用量：

水	180kg
水泥	389kg
石子	1251kg
砂	575kg
水灰比：	0.463
砂率：	31.5%

四、工地调整

在工地施工时，砂石等材料并不是完全干燥，因此需对配合比中材料的用量进行修正，得到如下工地配比数据：

单位体积混凝土各材料用量：

水	150kg
水泥	389kg
湿石子	1252kg
湿砂	604kg

附录G “混凝土强度检验评定助手”软件说明书

一、软件简介
二、软件的安装、启动与卸载
三、软件加密锁的使用
四、界面介绍
五、快速入门
六、应用举例

G.1 软件简介

“混凝土强度检验评定助手”软件具有下面一些特点：

1. 对标准的支持

支持《混凝土强度检验标准》GBJ 107—87及其修订标准GB/T 50107—2010中规定的所有强度检验评定条款。

2. 验收批数据库生成及管理

创建“验收批数据库”，实现对验收批数据的统一管理。对不同验收批，“混凝土强度检验评定助手”可按照其所属的工程项目自动进行分组管理。

3. 评定报告直接用于工程存档

由软件生成的混凝土强度评定报告，其格式符合北京《建筑工程资料管理规程》DB J01—51—2003所规定的强度检验评定数表格式，因此，软件所生成的强度检验评定报告可直接用于工程存档。

4. 混凝土评定方法自动选定功能

使用软件提供的“自动选定评定方法”功能，能够根据标准的规定，自动选定适合的评定方法，来对验收批进行评定，并生成评定报告。

5. Excel表格Word表格数据导入

用户除可以直接将试件抗压强度数据输入到“试验数据视窗”的数据表格中外，如果原有抗压强度数据保存在Excel表格或Word表格中，可以直接将数据复制并粘贴到软件数据表格中，无需重复输入。

6. 导出至Word、Excel等相关文件格式

验收批的“试验数据”、“试验设置”可导出至Excel文件和CSV文件中，对验收批的“评定报告”，可导出至RTF文件格式，并能直接将评定报告表格复制并粘贴到Word中进行编辑。

7. 表格及文本数据直接打印（包括打印预览）

软件提供对评定数据表格和评定报告的打印预览及打印功能，因此，无需转换为其他格式文件，即可以实现对验收批数据的纸面输出。

8. 上下文帮助支持

利用软件提供的“上下文帮助”功能，可即时访问到帮助文件中特定界面元素的帮助信息。

9. 其他功能

可以利用“强度折算系数计算”对话框，计算评定等级大于C60的非标准试件的强度折算系数；可以利用“历史强度标准差计算”对话框，计算评定方法“统计方法一”中的混凝土历史强度标准差。

G. 2　软件的安装、启动与卸载

1. 软件的安装

将本书附带光盘插入计算机的光驱内，在光盘路径“＜光盘盘符＞\混凝土强度检验评定助手 v2.0\”下双击“Setup. exe”，可启动“混凝土强度检验评定助手”软件的安装。安装过程需经过以下几个阶段：

1）安装附加依赖组建

如果您的计算机上未安装来自微软的组件“Microsoft Visual C++ 2008 Redistributable-X86. 9. 0. 30729”，在安装本软件之前将自动加载并安装，如下图所示。

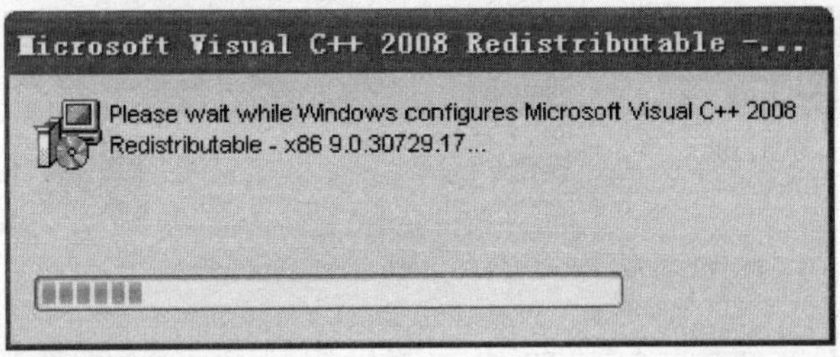

2）“欢迎使用”界面

显示“欢迎使用 混凝土强度检验评定助手 安装向导”界面。如下图所示。单击“下一步”按钮进行下一安装界面。

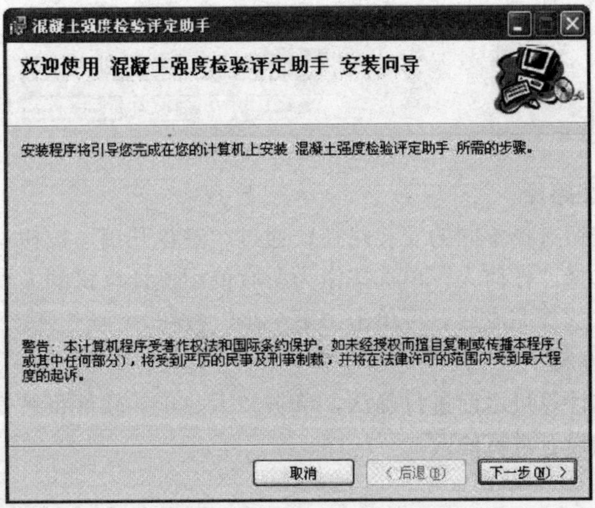

3）“最终用户许可协议”

请认真阅读“最终用户许可协议”，如果接受“协议”中的条款，可单击“同意”，进入下一步安装，否则，单击“取消”按钮取消安装。

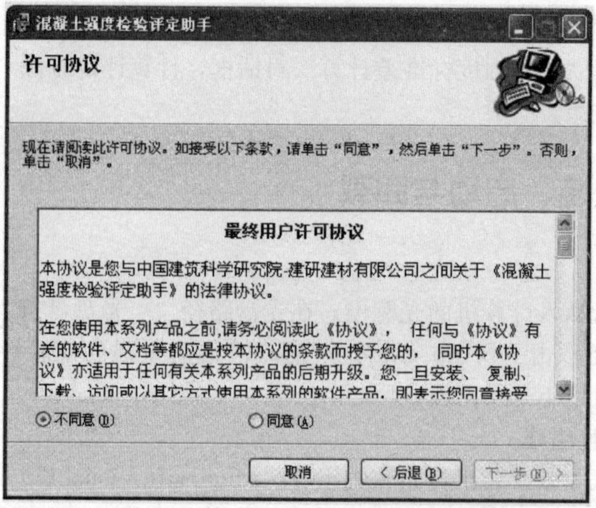

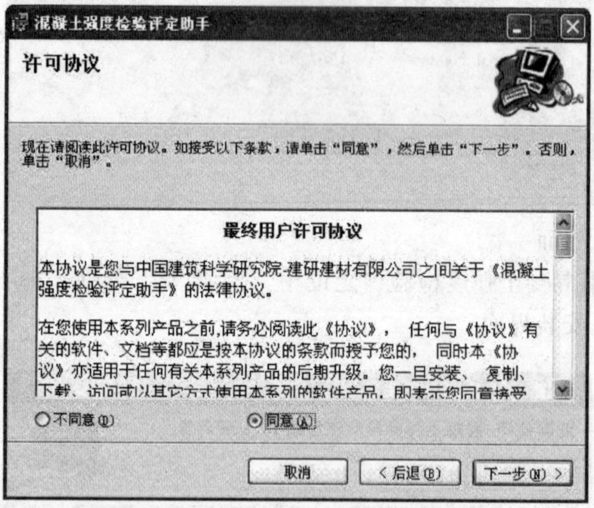

4）选择软件安装路径

通过“浏览”按钮选择不同的安装路径；通过“磁盘开销”按钮察看计算机的磁盘空间开销；并可通过选择“任何人”单选按钮为所有使用该计算机的人安装“混凝土强度检验评定助手”软件。选择完成后，可单击“下一步”按钮。

5）确认安装及安装

在软件被安装到计算机之前进行确认，单击“下一步”软件将被安装到计算机内，单击“后退”对以前的设置进行修改。

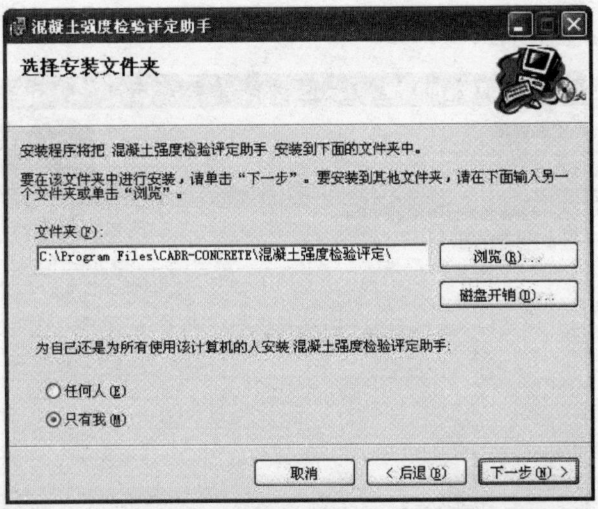
混凝土强度检验评定助手
选择安装文件夹
安装程序将把 混凝土强度检验评定助手 安装到下面的文件夹中。
要在该文件夹中进行安装，请单击“下一步”。要安装到其他文件夹，请在下面输入另一个文件夹或单击“浏览”。
文件夹(F):
C:\Program Files\CABR-CONCRETE\混凝土强度检验评定\
浏览(R)...
磁盘开销(D)...
为自己还是为所有使用该计算机的人安装 混凝土强度检验评定助手:
任何人(E)
只有我(M)
取消
< 后退(B)
下一步(N) >

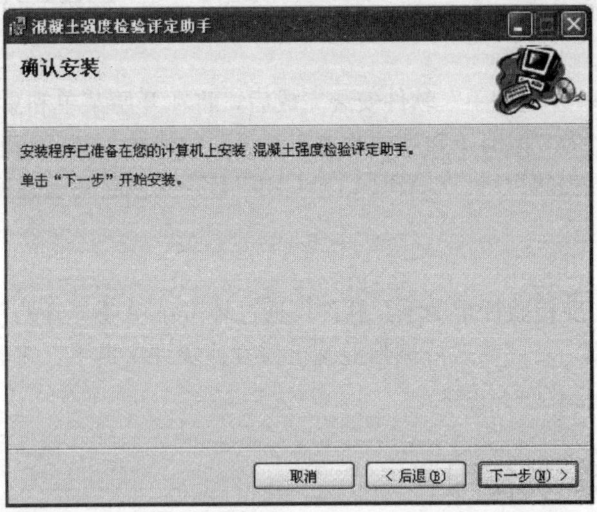
混凝土强度检验评定助手
确认安装
安装程序已准备在您的计算机上安装 混凝土强度检验评定助手。
单击“下一步”开始安装。
取消
< 后退(B)
下一步(N) >

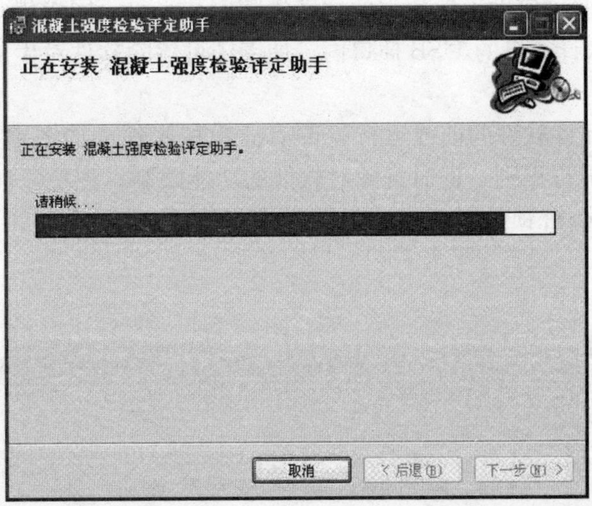
混凝土强度检验评定助手
正在安装 混凝土强度检验评定助手
正在安装 混凝土强度检验评定助手。
请稍候...
取消
< 后退(B)
下一步(N) >

6）安装完成

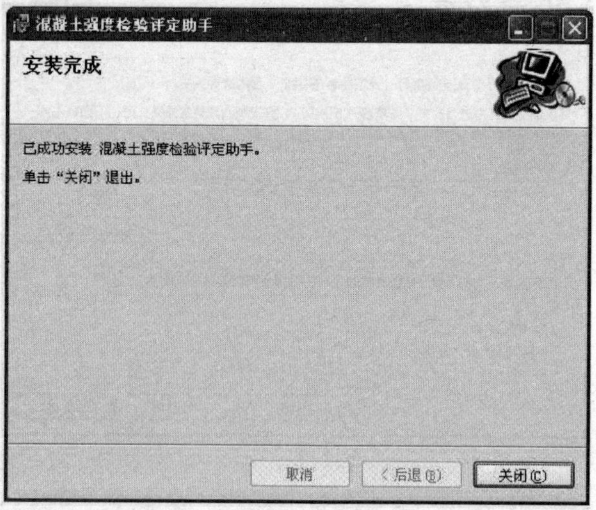

2. 软件的运行

“混凝土强度检验评定助手”软件安装完成后，将在开始菜单和桌面上创建快捷方式。可通过单击桌面上名为“混凝土强度检验评定助手”的快捷方式运行软件，也可通过菜单项“开始”→“所有程序”→“CABR-CONCRETE”→“混凝土强度检验评定助手”来运行软件。

3. 软件的卸载

卸载“混凝土强度检验评定助手”软件可通过单击菜单项“开始”→“所有程序”→“CABR-CONCRETE”→“修改或删除混凝土强度检验评定助手”来完成；也可在控制面板中卸载该软件。

G.3 软件加密锁的使用

“混凝土强度检验评定助手”软件的加密锁随安装光盘一同发售。加密锁无需另外安装驱动，可直接插入计算机的USB插口内。加密锁可解除软件对生成“验收批”评定报告功能的限制。

另外，可以在允许软件的前或运行软件后插入加密锁。加密锁插入计算机USB插口后，软件将自动进行识别，即时解除对软件的功能限制；注意，如进行“验收批”的评定操作，需保持加密锁的插入状态，以确保软件的强度检验评定功能处于解锁定状态。

G.4 运行界面

1. 菜单及功能

1）文件菜单命令

“文件”菜单提供了如图所示的命令：

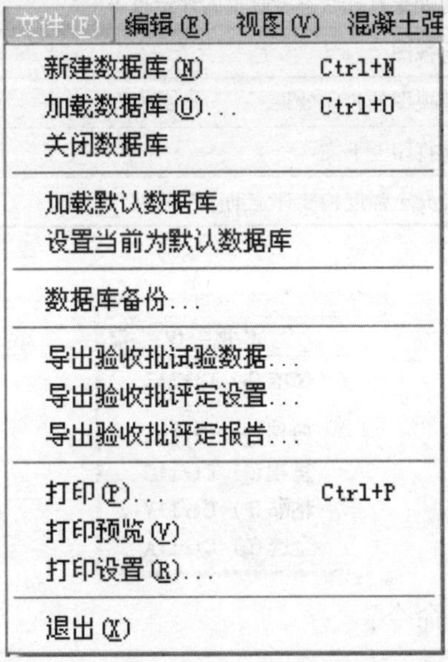

新建数据库	用于创建新数据库文件。使用此命令可以在“混凝土强度检验评定助手”中创建新数据库文件。单击可以打开“创建新数据库”对话框，如下图： 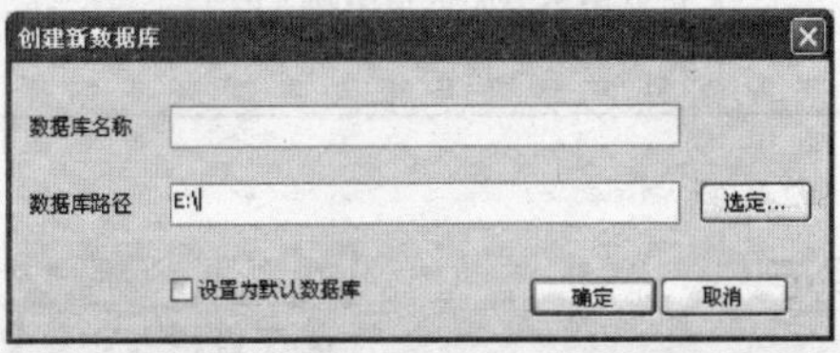 在“数据库名称”编辑框中输入要创建的数据库的名称，在“数据库路径”编辑框中输入数据库的创建路径，或利用“选定”按钮来选定数据库路径。另外，可选中“设置为默认数据库”复选框，使新数据库成为默认打开的数据库。设置完成后，点击“确定”按钮完成创建

续表

加载数据库	用于加载已存在的数据库文件
关闭数据库	关闭当前处于打开状态的数据库 如果对验收批进行了修改，建议在关闭数据库之前，保存当前处于编辑状态的验收批，如果在关闭之前没有保存，软件将给出提示
加载默认数据库	用于加载默认的数据库文件 如果当前数据库为默认数据库，不进行任何操作，否则将关闭当前数据库，并加载默认的数据库。默认的数据库可以通过菜单命令“文件”→“设置当前为默认数据库”来进行设定，也可以在“创建新数据库”对话框中选中“设置为默认数据库”复选按钮，将新创建的数据设置为默认的数据库
设置当前为默认数据库	设置当前数据库文件为默认打开的数据库。如此，再次运行“混凝土强度检验评定助手”时，软件将自动为您打开默认的数据库
数据库备份	备份当前数据库文件
导出验收批试验数据	导出当前处于打开状态验收批的试验数据
导出验收批评定设置	导出当前处于打开状态验收批的评定设置
导出验收批评定报告	导出当前处于打开状态验收批的评定报告
打印	打印当前视图
打印预览	预览当前视图的打印效果
打印设置	设定当前打印上下文
退出	退出“混凝土强度检验评定助手”软件

2）编辑菜单命令

“编辑”菜单提供了如下命令：

撤销	反转上一个编辑操作
剪切	从文档中删除数据，并将其移动到剪贴板
复制	将数据从文档复制到剪贴板
粘贴	将数据从剪贴板粘贴到文档中
全选	将内容全部选定

3）“视图”菜单命令

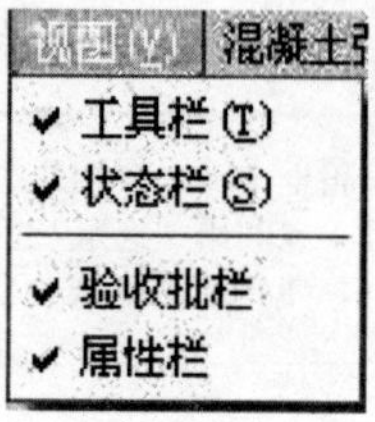

“视图”菜单提供了如下命令：

工具栏	显示或隐藏工具栏
状态栏	显示或隐藏状态栏
验收批栏	显示或隐藏验收批栏
属性栏	显示或隐藏属性栏

4）“强度检验评定”菜单命令

“强度检验评定”菜单提供了如下命令：

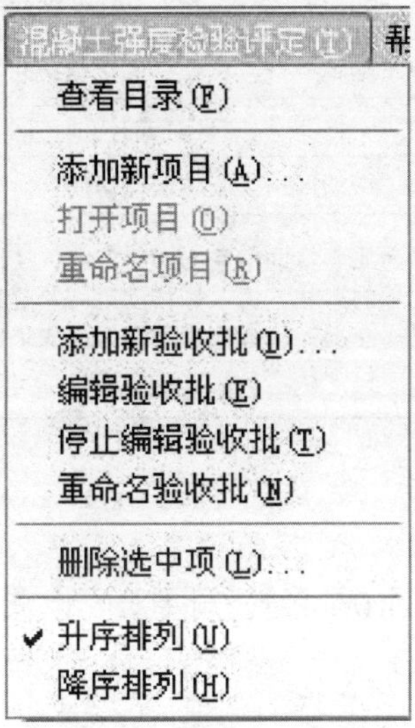

属性栏	查看验收批目录 打开验收批栏中的根目录
添加新项目	添加新的验收项目
打开项目	打开“验收批栏”中选定的验收项目
重命名项目：	重命名“验收批栏”中选定的验收项目
添加新验收批：	添加新的验收批
编辑验收批	编辑“验收批栏”中选定的验收批
停止编辑验收批	停止编辑“验收批栏”中选定的验收批
重命名验收批	重命名“验收批栏”中选定的验收批
删除选中项	删除“验收批栏”中选定的验收项目或验收批
升序排列	升序排列“验收批栏”中的项
降序排列	降序排列“验收批栏”中的项

5）“帮助”菜单命令

“帮助”菜单提供了如下命令，这些命令可帮助您使用此应用程序：

帮助主题	提供主题索引，通过该索引可以获得帮助
关于	显示此应用程序的版本号等信息

2. 工具栏

默认情况下，工具栏沿应用程序窗口的顶部显示，位于菜单栏的下面。工具栏提供了对工具的快速鼠标访问。

工具栏中各按钮的含义为（从左到右）：

新建数据库	实现对菜单项“文件”→“新建数据库”的快捷访问
打开数据库	实现对菜单项“文件”→“打开数据库”的快捷访问
剪切	实现对菜单项“编辑”→“剪切”的快捷访问
粘贴	实现对菜单项“编辑”→“粘贴”的快捷访问
打印	实现对菜单项“文件”→“打印”的快捷访问
关于	实现对菜单项“帮助”→关于的快捷访问
上下文帮助	可实现特定界面元素帮助信息的即时访问。使用方法为：利用鼠标左键单击该按钮，此时鼠标变为问号的形状，将鼠标移动至需要解释的界面元素上，如菜单项、视图、功能栏等，单击鼠标左键，将弹出帮助窗口，如果鼠标所指向的界面元素有帮助信息，将直接显示在帮助窗口中

3. 视窗

1）“欢迎使用”视窗：

可通过“欢迎使用”视窗迅速访问到公司主页，以获取最新的技术支持。

2）“试验数据”视窗：

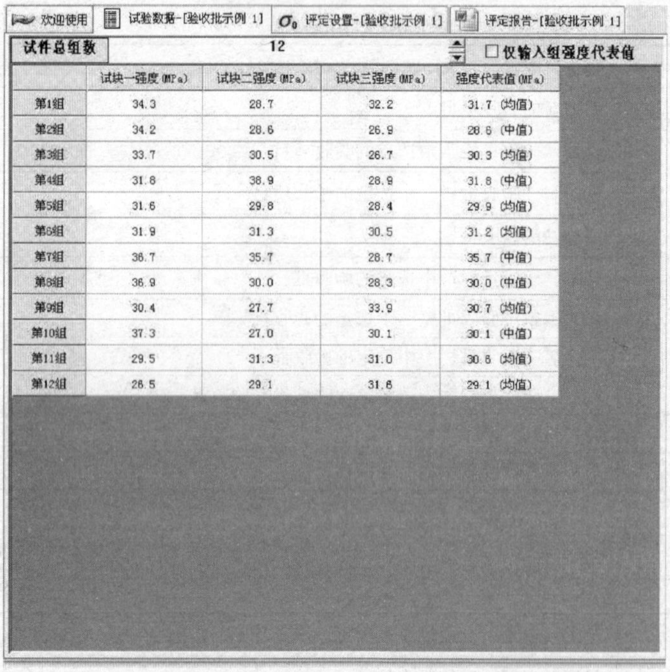

	试块一强度(MPa)	试块二强度(MPa)	试块三强度(MPa)	强度代表值(MPa)
第1组	34.3	28.7	32.2	31.7 (均值)
第2组	34.2	28.6	26.9	28.6 (中值)
第3组	33.7	30.5	26.7	30.3 (均值)
第4组	31.8	38.9	28.9	31.8 (中值)
第5组	31.6	29.8	28.4	29.9 (均值)
第6组	31.9	31.3	30.5	31.2 (均值)
第7组	36.7	35.7	28.7	35.7 (中值)
第8组	36.9	30.0	28.3	30.0 (中值)
第9组	30.4	27.7	33.9	30.7 (均值)
第10组	37.3	27.0	30.1	30.1 (中值)
第11组	29.5	31.3	31.0	30.6 (均值)
第12组	28.5	29.1	31.6	29.1 (均值)

“试验数据”视窗用于显示和编辑当前验收批的实验数据。包括三个功能区：

“试件总组数”编辑框	设定试件的总组数，试件的总组数可以在1到300组中的变化
“仅输入组强度代表值”复选框	当未被选中时，须输入每组三个试件的抗压强度值；当复选框被选中时，用户可以直接输入组强度代表值进行评定
抗压强度输入区	输入试件的抗压强度实测值。输入区的行数由“试件总组数”控制；当“仅输入组强度代表值”复选框未被选中时，编辑区为五列，分别为“组编号”、“试块一强度”、“试块二强度”、“试块三强度”和“强度代表值”。“强度代表值”依据下列规则求得：取同组三个试件的强度平均值作为该组试件的组试块强度代表值；如果某一强度值与中值的差值超过中值的15%，则取中值为组强度代表值；当两组都大于中值的15%时，此组强度无效

3）“评定设置”视窗：

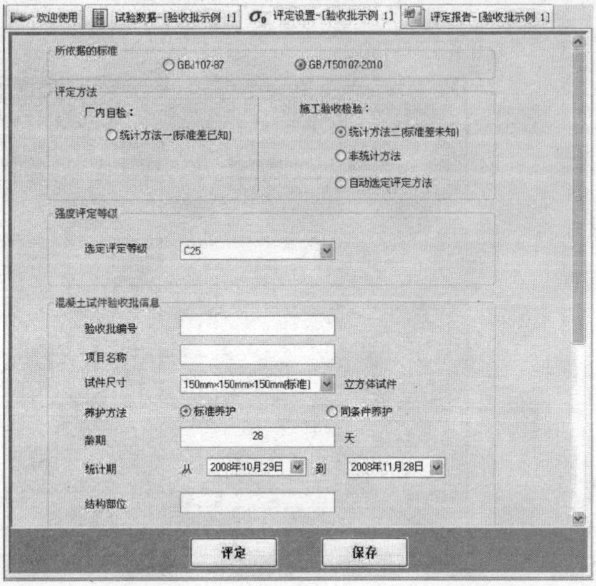

用于编辑当前验收批的评定设置，属性栏中各项的含义如下：

所依据的标准	可供选择的评定标准有GBJ 107—87和GB/T 50107—2010，对同一组验收批数据，可以在这两个评定标准间进行切换
评定方法	供选择的评定方法包括：“统计方法一（标准差已知）”、“统计方法二（标准差未知）”、“非统计方法”和“自动选定评定方法”。其中“统计方法一”用于标准差已知的混凝土生产厂家的自我检验；“统计方法二”和“非统计法”可用于施工方强度评定检验。当选定“自动选定评定方法”时，软件将根据当前的试件组数在“统计方法二”和“非统计方法”中选择一种评定方法
强度评定等级	从列表中选定当前验收批的目标评定等级
验收批编号	由用户自定义的当前验收批的编号，验收批编号不同于当前验收批的名称，验收批的名称仅用于数据库区别不同的验收批，并可以在验收批栏中进行修改编辑
项目名称	当前验收批所属的工程项目。验收批栏自动根据每个验收批的项目名称进行分组，如果验收批所属的项目为空，它位于验收批栏的“根目录\”下。用户也可以在验收批栏的项目目录上点击右键选择“重命名”批量修改验收批所属的项目名称

续表

试件尺寸	设定混凝土试件的尺寸，标准试件的为边长 150mm 的正立方体试件。当用非标准试件作强度检验评定时，软件将利用“强度折算系数”将其抗压强度折算为标准尺寸试件的抗压强度。折算系数的选取规则为：当混凝土强度等级小于 C60 时，对边长为 100mm 的立方体试件取 0.95，对边长为 200mm 的立方体试件取 1.05；当混凝土强度等级大于 C60 时尺寸换算系数应由试验确定
养护方法	设置验收批试件的养护方法。标准养护或同条件养护
龄期	验收批试件的养护龄期
统计期	验收批试件强度统计期
结构部位	验收批所用于的结构部位
强度折算系数	当使用非标准试件时，需将抗压强度换算到标准试件抗压强度值，其换算公式为：换算抗压强度＝非标准试件的抗压强度×强度换算系数。当验收批试件为标准试件时，“强度换算系数”编辑框处于隐藏状态；当为非标准试件时，编辑框出现，并且当混凝土评定强度大于 C60 时，编辑框可输入，用户可以通过编辑框旁的“计算”按钮打开“强度折算系数计算”对话框 
历史强度标准差	对统计方法中的“统计方法一”，用户必须输入历史强度标准差才能进行评定。用户可以利用“历史强度标准差计算”对话框计算历史强度标准差 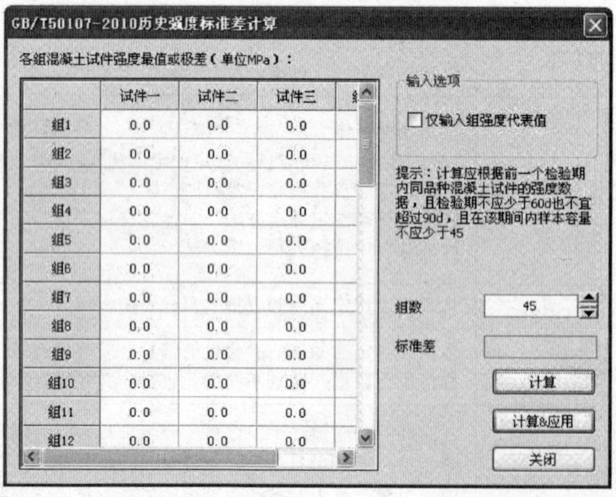

续表

填报单位	输入试验的填报单位
负责人	输入负责人
审核（人）	输入审核人
填表（人）	输入填表人
填报日期	输入填报日期
“评定”按钮	安装当前的评定设置对“试验数据”视窗中输入的抗压强度试验数据进行强度检验评定，在“评定报告”视窗中显示评定结果
“保存”按钮	将当前验收批所做的修改保存到验收批数据库中

4）“评定报告”视窗：

根据验收批的评定设置生成评定报告

对评定方法里的“施工验收检验”，表格的格式依据北京市《建筑工程资料管理规程DBJ 01—50—2003》绘制；对“统计方法一”所生产表格格式基本类似。

混凝土试块强度统计、评定记录 表C6-12					编号		X1			
工程名称					强度等级		自动选定：C40			
填报单位	中国建筑科学研究院				养护方法		标准养护			
统计期	2008年8月27日至2008年9月26日				结构部位					
试块组 n	强度标准值 $f_{cu,k}$(MPa)		平均值 $m_{f_{cu}}$(MPa)		标准差 $S_{f_{cu}}$(MPa)		最小值 $f_{cu,min}$(MPa)		合格判定系数	
									λ_1	λ_2
10	40		42.9		2.54		38.3		1	0.9
每组强度值MPa	42.2	38.7	44.5	44.7	44.7	45.3	38.3	44.7	43.7	42.5
评定界限	√统计法（二）						非统计法			
	$f_{cu,k}$		$m_{f_{cu}}-\lambda_1\times S_{f_{cu}}$		$\lambda_2\times f_{cu,k}$		$\lambda_3\times f_{cu,k}$		$\lambda_4\times f_{cu,k}$	
	40		40.4		36					
判定式	$m_{f_{cu}}-\lambda_1\times S_{f_{cu}}\geqslant f_{cu,k}$			$f_{cu,min}\geqslant\lambda_2\times f_{cu,k}$			$m_{f_{cu}}\geqslant\lambda_3\times f_{cu,k}$		$f_{cu,min}\geqslant\lambda_4\times f_{cu,k}$	
结果	40.4≥40			38.3≥36						

4. 验收批栏

验收批栏显示当前数据库中所有的验收项目和验收批

下表列出了验收批栏中各项的含义：

项目名称	图标	说明
根目录		存放所有的验收项目和验收批。
项目目录		存放具有相同项目名称的验收批。
验收批		混凝土强度检验评定的评定对象，一个混凝土验收批可以包含一组或多组混凝土试块。

“根目录”位于验收批栏目录的顶层，是初次打开验收批数据库时显示的项，双击“根目录”图标可查看到当前数据库中所有“验收项目”和验收项目为空的“验收批”。在“验收批”图标上双击可对该验收批进行编辑；在“验收项目”图标上双击可以查看到该项目下的所有验收批。

另外，在验收批栏的空白处或各图标上单击右键可以调出相应的快捷菜单，快捷菜单各菜单项的命令含义可以查看与其同名的“混凝土强度检验评定”菜单的命令。

5. 属性栏

显示验收批栏中当前处于选中状态的验收批的评定设置信息。当验收批被选中，属性栏将即可显示其属性。可以通过验收批栏的标题查看当前验收批的名称。

G.5 快速入门

1. 创建新混凝土验收批

打开软件后，验收批的创建步骤为：

1）在“验收批栏”中双击“根目录”（或单击菜单项“混凝土强度检验评定”→“察看目录”），此时，“验收批栏”的标题显示当前目录为“根目录\”。（提示：若“验收批栏”当前处于隐藏状态，可通过菜单项“视图”→“验收批栏”使其显现）；

2）在“验收批栏”的空白处单击右键，在弹出的快捷菜单中选择“添加新验收批...”（或单击菜单项“混凝土强度检验评定”→“添加新验收批...”）；

3）在弹出的“添加新验收批”对话框中填入新验收批的名称；

4）创建完成。

2. 编辑混凝土验收批

1）进入“验收批栏”中的“根目录\”下或“根目录\<项目>\”下；

2）在将要编辑的验收批的图标上单击右键，在弹出得快捷菜单中选择“编辑验收批”（双击验收批图标也可以实现对验收批的编辑），此时，“试验数据视窗”、“评定设置视窗”、“评定报告视窗”同时显示当前处于编辑状态的验收批的名称；

3）在“试验数据视窗”内输入验收批试验数据，其操作方法可参考“运行界面”章节中的“试验数据视窗”部分；

4）在“评定设置视窗”对当前验收批进行设置；

5）单击“评定设置视窗”中的“保存”按钮，将当前验收批的试验数据保存和评定设置保存至数据库；

6）选择菜单项“混凝土强度检验评定”→“停止编辑验收批”，结束当前验收批的编辑。

3. 评定混凝土验收批

在评定混凝土验收批前，应保证加密锁已经插入计算机的USB插口内。

1）从“验收批栏”中选择要编辑的验收批，右键单击，在弹出得快捷菜单中选择“编辑验收批”，软件自动对验收批进行评定，评定结果显示在“评定报告视窗”内；

2）对验收批的试验数据和评定设置进行编辑后，可通过单击“评定设置视窗”中的“评定”按钮，对修改后的验收批进行评定。

4. 验收批数据的导出

对处于编辑状态的验收批，可以导出验收批的试验数据、评定设置和验收报告：

1）使用菜单项“文件”→“导出验收批试验数据”可导出当前验收批的试验数据；

2）使用菜单项“文件”→“导出验收批评定设置”可导出当前验收批的评定设置；

3）使用菜单项“文件”→“导出验收批评定报告”可到处当前验收批的评定报告。

5. 验收批分项目管理

1）进入“验收批栏”中的“根目录\”下，右键单击，在弹出的快捷菜单中选择“添加新项目”，在“添加新项目”对话框中输入新项目的名称，建立一个空项目组；

2）对处于编辑状态的验收批，在“评定设置”中的“项目名称”（位于“混凝土试件验收批信息”框内）中输入项目名称，如果在“验收批栏”内，该项目已存在，该验收批将被移入其文件夹内，反之，如果项目不存在，软件将自动创建一个新项目，以便容纳该验收批；

3）对于项目名称为空的验收批，在被显示在“验收批栏”内的“根目录\”下。

6. 验收批数据库的操作

软件安装完成后，已经自动创建了一个实例验收批数据库，用户可以在其中添加新验收批，也可以根据需要创建多个验收批数据库。

1）使用菜单项“文件”→“新建数据库”可以利用“创建新数据库”对话框，创建新的验收批数据库，并且可选择是否将新数据库设为默认打开的数据库；

2）使用菜单项“文件”→“加载数据库”可以打开一个已经存在的验收批数据库；

3）使用菜单项“文件”→“关闭数据库”可以关闭当前数据库；

4）使用菜单项“文件”→“加载默认数据库”可以打开默认数据库；

5）使用菜单项“文件”→“设置当前位默认数据库”可以将当前数据库设定为默认数据库；

6）使用菜单项“文件”→“数据库备份”可以备份当前验收批数据库。

G.6 应用实例

1. 统计方法二举例

已知一组混凝土抗压强度数据如下表，标准差未知，当使用 GB/T 50107—2010 进行评定时，评定该验收批能否达到 C25 混凝土的强度等级要求。

组编号	试块一强度（MPa）	试块二强度（MPa）	试块三强度（MPa）
第1组	34.3	28.7	32.2
第2组	34.2	28.6	26.9
第3组	33.7	30.5	26.7
第4组	31.8	38.9	28.9
第5组	31.6	29.8	28.4
第6组	31.9	31.3	30.5
第7组	36.7	35.7	28.7
第8组	36.9	30.0	28.3

续表

组编号	试块一强度（MPa）	试块二强度（MPa）	试块三强度（MPa）
第9组	30.4	27.7	33.9
第10组	37.3	27.0	30.1
第11组	29.5	31.3	31.0
第12组	26.5	29.1	31.6

利用“混凝土强度检验评定助手”软件进行评定的步骤如下：

1）在“验收批栏”中“根目录\”下新建一个验收批（新建验收批的方法可见上节），命名为“验收批实例1”，双击验收批图标，进行编辑。

2）切换至“试验数据视窗中”，设置试验总组数为12，且保证“仅输入组强度代表值”复选框处于未选中状态，在数据表格中填入上表中的验收批试验数据（对已经存在于Microsoft Excel或Microsoft Word中的试验数据可以直接复制/粘贴）。

3）切换至“评定设置视窗”，在“所依据标准”框中，选择“GB/T 50107—2010”；由于标准差未知，且验收批总组数超过10，可利用统计方法二进行评定，因此，在“评定方法”框中选择“统计方法二（标准差未知）”；在“强度评定等级”列表中选定评定等级为C25。

4）设置完成后，单击“评定设置视窗”下方的“保存”按钮进行保存。

5）单击“评定设置视窗”下方的“评定”按钮进行强度检验评定，下表为“混凝土强度检验评定助手”软件自动生成的评定报告：

混凝土试块强度统计、评定记录表 C6-12		编号	
工程名称		强度等级	C25
填报单位		养护方法	标准养护
统计期	2008年10月29日至 2008年11月28日	结构部位	

试块组 n	强度标准值 $f_{cu,k}$(MPa)	平均值 m_{fcu}(MPa)	标准差 S_{fcu}(MPa)	最小值 $f_{cu,min}$(MPa)	合格判定系数 l_1	合格判定系数 l_2
12	25	30.8	1.81（取2.5）	28.6	1.15	0.9

每组强度值 MPa										
	31.7	28.6	30.3	31.8	29.9	31.2	35.7	30.0	30.7	30.1
	30.6	29.1								

评定界限	√统计法（二）			非统计法	
	$f_{cu,k}$	$m_{fcu}-\lambda_1\times S_{fcu}$	$\lambda_2\times f_{cu,k}$	$\lambda_3\times f_{cu,k}$	$\lambda_4\times f_{cu,k}$
	25	27.9	22.5		

判定式	$m_{fcu}-\lambda_1\times S_{fcu}\geqslant f_{cu,k}$	$f_{cu,min}\geqslant\lambda_2\times f_{cu,k}$	$m_{fcu}\geqslant\lambda_3\times f_{cu,k}$	$f_{cu,min}\geqslant\lambda_4\times f_{cu,k}$
结果	27.9≥25	28.6≥22.5		

结论：

根据GB/T 50107—2010混凝土强度检验评定标准，该批混凝土强度合格

续表

混凝土试块强度统计、评定记录表 C6-12		编号	
批准	审核		统计
报告日期	2008 年 11 月 28 日		

本表由建设单位，施工单位，城建档案馆各保存一份。

2. 自动选定评定方法举例（非标准规定）

实例一中的评定方法可以由软件自动选定，其设置方法为：在实例 1 中，

1）将试图切换至“评定设置视窗”，在“评定方法”框中选择“自动选定评定方法”，此时软件将自动选择验收批能通过验收的最高强度等级值。

2）单击“评定设置视窗”下方的“保存”按钮进行保存。

3）单击“评定设置视窗”下方的“评定”按钮进行强度检验评定。

按照以上步骤操作，软件将自动选定“统计法二”进行评定，其评定结果与实例 1 完全相同。

3. 非统计法举例

当用于评定的样本容量小于 10 组时，可采用非统计方法评定混凝土强度，以下是应用非统计法进行强度检验评定的混凝土抗压强度数据：

组编号	强度代表值（MPa）
第 1 组	33.9
第 2 组	36.5
第 3 组	32.7
第 4 组	29.4
第 5 组	29.3
第 6 组	30.0
第 7 组	34.0
第 8 组	33.0
第 9 组	33.6

采用标准 GB/T 50107—2010 中的非统计法对上表中所示的混凝土抗压强度数据进行评定，评定要求的强度等级为 C30。操作步骤如下：

1）在“验收批栏”中“根目录\”下新建一个验收批，命名为“验收批实例 3”，双击验收批图标，进行编辑。

2）切换至“试验数据视窗中”，设置试验总组数为 9，选中“仅输入组强度代表值”复选框，在数据表格中填入上表中的验收批试验数据。

3）切换至“评定设置视窗”，在“所依据标准”框中，选择“GB/T 50107—2010”；在“评定方法”框中选择“非统计法”；在“强度评定等级”列表中选定评定等级为 C30。

4）单击“评定设置视窗”下方的“保存”按钮进行保存。

5）单击“评定设置视窗”下方的“评定”按钮进行强度检验评定，下表为“混凝土强度检验评定助手”软件自动生成的评定报告：

混凝土试块强度统计、评定记录表 C6-12		编号	
工程名称		强度等级	C30
填报单位		养护方法	标准养护
统计期	2008年10月29日至 2008年11月28日	结构部位	

试块组 n	强度标准值 $f_{cu,k}$(MPa)	平均值 m_{fcu}(MPa)	标准差 S_{fcu}(MPa)	最小值 $f_{cu,min}$(MPa)	合格判定系数	
					l_3	l_4
9	30	32.5	2.44（取2.5）	29.3	1.15	0.95

每组强度值 MPa									
	33.9	36.5	32.7	29.4	29.3	30.0	34.0	33.0	33.6

评定界限	统计法（二）			√非统计法	
	$f_{cu,k}$	$m_{fcu}-\lambda_1\times S_{fcu}$	$\lambda_2\times f_{cu,k}$	$\lambda_3\times f_{cu,k}$	$\lambda_4\times f_{cu,k}$
				34.5	28.5
判定式	$m_{fcu}-\lambda_1\times S_{fcu}\geqslant f_{cu,k}$	$f_{cu,min}\geqslant\lambda_2\times f_{cu,k}$		$m_{fcu}\geqslant\lambda_3\times f_{cu,k}$	$f_{cu,min}\geqslant\lambda_4\times f_{cu,k}$
结果				32.5<34.5	29.3≥28.5

结论：

根据GB/T 50107—2010混凝土强度检验评定标准，该批混凝土强度不合格

批准	审核	统计
报告日期	2008年11月28日	

本表由建设单位，施工单位，城建档案馆各保存一份。

4. 统计方法一举例

已知如表所示的三组混凝土（每组3个试块）试件的组抗压强度值，属于名称为“项目组实例”的项目，已知该项目浇筑混凝土的历史标准差为5，可重复性较好，当使用GB/T 50107—2010进行评定时，要求该验收批所能达到的最高强度等级。

组编号	强度代表值（MPa）
第1组	55.5
第2组	53.5
第3组	58.4

利用“混凝土强度检验评定助手”软件进行评定的步骤如下：

1）在“验收批栏”中“根目录\”下新建一个项目（新建项目的方法可见上节），命名为“项目组实例”，双击该项目组的图标打开，在项目组内单击右键，在弹出的快捷菜单中选择“新建验收批”，命名新验收批的名称为“验收批示例4”，双击进行编辑；

2）切换至“试验数据视窗”，设置试验总组数为3，选中“仅输入组强度代表值”复

选框，将标准的三个组强度代表值依次填入；

3）切换至“评定设置视窗”，在“所依据标准”框中，选择“GB/T 50107—2010”；在“评定方法”框中选择“统计方法一（标准差已知）”；在“强度评定等级”列表中选定评定等级为C50；在“混凝土试件验收批信息”框中，设置历史强度标准差为5；

4）设置完成后，单击“评定设置视窗”下方的“保存”按钮进行保存。

5）单击“评定设置视窗”下方的“评定”按钮进行强度检验评定，下表为“混凝土强度检验评定助手”软件自动生成的评定报告：

混凝土试块强度评定表		编号	
工程名称	项目组示例	强度等级	自动选定：C50
填报单位		养护方法	标准养护
统计期	2008年10月29日至 2008年11月28日	结构部位	

历史强度标准差 s_0（MPa）	强度标准值 $f_{cu,k}$（MPa）	平均值 m_{fcu}（MPa）	最小值 $f_{cu,min}$（MPa）
5	50	55.8	53.5
样本强度值（MPa）	第一组	第二组	第三组
	55.5	53.5	58.4
评定界限	均值条文	最小值条文	
	$f_{cu,k}+0.7\sigma_0$	$f_{cu,k}-0.7\sigma_0$	$0.9f_{cu,k}$
	53.5	46.5	45
判定式	$m_{fcu}\geqslant f_{cu,k}+0.7\sigma_0$	$f_{cu,min}\geqslant f_{cu,k}-0.7\sigma_0$	$f_{cu,min}\geqslant 0.9f_{cu,k}$
结果	55.8≥53.5	53.5≥46.5	53.5≥45

结论：

根据GB/T 50107—2010混凝土强度检验评定标准，该批混凝土强度合格

批准	审核	统计
报告日期	2009年11月28日	

5. 强度折算系数计算举例

当非标准混凝土试件参与强度检验评定时，按照标准要求，需要对其强度进行折算，折算系数的确定分两种情况：当待评定混凝土强度等级低于C60时，软件将根据标准自动选定强度折算系数，故无需求算；当待评定混凝土强度等级大于等级C60，其折算系数应由试验确定。软件提供了强度折算系数的计算工具，其使用方法为：

1）在“验收批栏”中新建并打开一验收批。

2）切换至“评定设置视窗”，在“混凝土试件验收批信息”框中的“试件尺寸”参数中，选择试件的尺寸为“100mm×100mm×100mm”或“200mm×200mm×200mm”。此时，在“混凝土试件验收批信息”框偏下方的空白处显现“强度折算系数”参数编辑框。

3）在“评定设置视窗”中“强度平等等级”框内选择“自动选定评定等级”，或者选定混凝土评定等级大于等于C60，那么“强度折算系数”参数编辑框右侧显现“计算”按钮，单击“计算”按钮，弹出“强度折算系数计算”对话框。

4）“强度折算系数计算”对话框中设置对比试验的两种尺寸的试件组数，有标准可

知，两种尺寸试件的组数应该相同。

5）在“强度折算系数计算”对话框中部左右两侧数据表中分别输入“非标准试件的抗压强度值”和“同条件标准试件（150mm立方体试件）的抗压强度值”。与“试验数据视窗”中类似，可以在输入三个试块的抗压强度值与“仅输入组强度代表值”间进行切换。

6）“非标准试件的抗压强度值”和“同条件标准试件（150mm立方体试件）的抗压强度值”输入完成后，单击“计算”按钮或“计算&应用”按钮进行计算；当使用“计算&应用”按钮进行计算时，将关闭对话框，同时将计算结果填写至“强度折算系数”参数编辑框中；单击“关闭”按钮关闭对话框，放弃计算。

6. 历史强度标准差计算举例

采用“统计方法一”进行评定时，需要同品种混凝土的历史强度标准差，软件同样提供了“历史强度标准差”的计算工具，其使用方法如下：

1）在“验收批栏”中新建并打开一验收批。

2）切换至“评定设置视窗”，在“评定方法”框中选择“统计方法一（标准差已知）”，此时，在“混凝土试件验收批信息”框下方的空白处显现“历史强度标准差”参数编辑框，且在编辑框的右侧出现“计算”按钮，单击“计算”按钮，（当采用标准GB/T 50107—2010进行评定时）打开“GB/T 50107—2010历史强度标准差计算”对话框。

3）在对话框的右侧设置样本组数。

4）在对话框的数据表中输入各组混凝土的抗压强度数据。

5）单击“计算”按钮或“计算&应用”按钮计算样本强度标准差，当使用“计算&应用”按钮进行计算时，将关闭对话框，同时将计算结果填写至“历史强度标准差”参数编辑框中。

参 考 文 献

[1] 韩素芳、陈基发、史志华等，建筑科学研究报告——混凝土强度合格评定的研究，中国建筑科学研究院，1989 年

[2] 吴兴祖等，《混凝土强度质量控制与验收》专题组——混凝土强度的统计分析及其抽样检验方案的概率分析，中国建筑科学研究院结构，1983 年

[3] 中国科学研究院数学研究所统计组，抽样检验方法，科学出版社，1977 年

[4] 中国土木工程学会混凝土及预应力混凝土分会、混凝土质量专业委员会．混凝土系列标准及其有关问题介绍．2004.9：32-73

[5] 茆诗松等．统计手册．北京：科学出版社，2003：886-901

[6] 于善奇，于振凡．抽样检验标准选用手册．北京：中国建材工业出版社，1999：92-107（平均值的计量标准型一次抽样检验程序及抽样表，GB/T 8054—1995），206-215（产品质量平均值的计量一次监督抽样检验程序及抽样表，GB/T 14900—1994）

[7] 谢文豪．《铁路混凝土强度检验评定标准》实施中的几个问题．铁道工程学报，1996.12：127-131

[8] 信海红．抽样检验技术．北京：中国计量出版社，2008 年

[9] 戴镇潮．混凝土配制强度和验收强度的确定方法．北京：中国电力出版社，2008 年 8 月

[10] 田冠飞．氯离子环境中钢筋混凝土结构耐久性与可靠性研究［D］．北京：清华大学，2006 年 4 月

[11] 冯师颜．误差理论与实验数据处理．北京：科学出版社，1964

[12] 许自富、刘东、阮安路．不确定度、准确度、精度辨析．计测技术，2007.2

[13] 盛骤、谢式千、潘承毅．概率论与数理统计（第二版）．北京：高等教育出版社，1997

[14] 陈桂明、戚红雨、潘伟．MATLAB 数理统计（6.X）．北京：科学出版社，2002

[15] 岳林萍．正确理解和使用不确定度和准确度．航空计测技术．2003.2